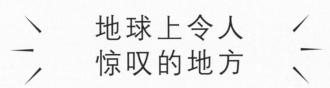

地球上令人
惊叹的地方

DK探秘活的生物进化博物馆

加拉帕戈斯群岛

[英] 汤姆·杰克逊　著

[英] 雪维尔·弗莱尔　绘

杜　创　张宝元　译

浙江教育出版社·杭州

目 录

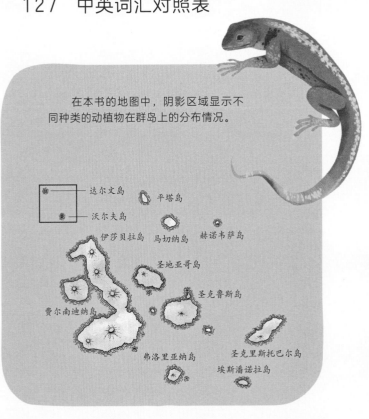

在本书的地图中，阴影区域显示不同种类的动植物在群岛上的分布情况。

达尔文岛　平塔岛

沃尔夫岛

伊莎贝拉岛　马切纳岛　赫诺韦萨岛

圣地亚哥岛

费尔南迪纳岛　圣克鲁斯岛

弗洛里亚纳岛　圣克里斯托巴尔岛

埃斯潘诺拉岛

前　言

　　一群头顶盐渍的黑色"恐龙"趴在一块火山岩石上晒着太阳。穿越整个太平洋数千千米的海浪，在它们身后溅出白色的浪花。小个头的熔岩蜥蜴趴在海鬣蜥的头上，惬意地享受着身下活动的"躺椅"。当赤道上的烈日从天空中升起，海鬣蜥不知不觉从睡梦中抬起头来，悠闲地摇摆着爬下岩石，从岩石的一侧跳下，跃入拍岸的海浪之中。一旦入水，它们立马变了副模样，黑色的身影似鳗鱼般游到海底的岩石上。它们用尖尖的弧形利爪紧紧攀附在岩石缝隙中，用短而钝的吻部啃食上面黏糊糊的绿色海藻。海鬣蜥吃得津津有味，允许我游到距离它们触手可及的地方。它们甚至抬头一瞥，瞧向自己投映在我潜水面具上的身影。

　　地球上没有其他任何地方能让你拥有这样的体验。在别的地方，蜥蜴不会从高处潜入海下觅食，但在加拉帕戈斯群岛，独一无二其实是常态。岛上有2000多个物种是这里独有的，海鬣蜥仅仅是其中之一。

　　在风浪撞击的海山，在火山熔岩与海洋碰撞的外缘，我得到了从业以来与野生动物最美好的互动体验。我曾在水下与海狮共舞，它们围在我身边跳着失重的芭蕾，转圈，回旋，直让人喘不过气来。我也足够幸运，曾探到海底和一条红唇蝙蝠鱼头碰头。它是海洋里最奇怪的鱼了吗？可能是吧！

　　书中花费不少篇幅介绍达尔文，介绍他对这些岛屿的热爱以及这如何推动生物学上最重大观点的发展。评论家们常常表现得好像加拉帕戈斯群岛只在历史上才很重要，而与现在无关。然而，新的物种仍在被发现。最近一次考察中就发现了30个新物种，包括新的珊瑚和其他无脊椎动物。在这里，进化仍在继续，进化生物学家正在实时跟踪达尔文非常珍视的雀鸟的变化。大约在我出生的时候，加拉帕戈斯海岸附近的深海中发现了"黑烟囱"，或者叫"深海热泉"。对科学家而言，这不仅是一种新生事物，还是一整套全新的生态系统。不到10年间，科学家们开始意识到这套全新的生态系统是多么重要。现在主流的假说认为，我们这颗星球上的生命，最初起源于这些看似荒凉的岛屿。

　　　　在费尔南迪纳岛的海岸上，一群海鬣蜥采用"指天向日"的姿势给自己降温。

我虽然足够幸运，与一些野生动物产生了妙不可言的交集，但这里也有我最伤感的自然经历。我们是最后拍摄"孤独的乔治"的摄制组之一。乔治是世界上最后一只平塔岛象龟，当我见到乔治时，它至少100岁了，老态龙钟，满布皱纹。在我的有生之年，他都是孤零零的。渔民将它的同类猎杀殆尽，予取予求，完全没想过可持续的概念。现在，乔治走了，连带他所属的整个种属都消失了。我也曾出海，潜入火山形成的海山；在世界上最棒的海洋动物观赏点潜水。理论上说，这些海山属于禁捕区，但我们注意到有渔船等待着我们离开，然后他们就可以进来掠夺这座巨大的国家公园中的宝藏了。一支由数百艘船组成的外国工业捕鱼船队在国家公园的外围（往往是在公园边界线以内）巡游徘徊，捕捞数以万吨的海洋生物，给这处世界海洋生物的伊甸园带来了难以应对的压力。

加拉帕戈斯群岛面临着巨大的挑战。但是，沿着海滩漫步，看见海狮妈妈诞下海狮幼崽，驱赶俯冲下来偷食胎盘的军舰鸟。在水中游泳，小鱼群聚成一团银色的诱饵球，企鹅如鱼雷般一掠而过。看着在海上乘风破浪的红嘴鹲，它们身后的尾羽像风筝尾巴一样飘动……地球上没有其他地方可以看到这般景象。

这座群岛的珍贵一如既往！

史蒂夫·贝克肖（大英帝国勋位获得者）

英国电影学院奖获得者，
野生动物节目主持人，博物学
家，探险家

阿尔塞多象龟是唯一一种以阿尔塞多火山为家的象龟物种。

群岛概况

欢迎来到加拉帕戈斯群岛！这些坐落在太平洋中、由沙砾和熔岩组成的岛屿，是充满神奇故事的宝库。

这处群岛诉说着火山强烈的爆发和神秘的海底热泉，也讲述着勇敢的探险者们远渡重洋发现这片遥远陆地的传奇故事。那时，这里曾是海盗的避风港，甚至还兴建了一处监狱。如今，游客们来到这里观光，惊叹于这些不可思议的野生动物，包括那只令人难以忘怀的象龟。早期的西班牙水手注意到一些象龟马鞍状的龟壳，岛屿由此得名加拉帕戈斯。"加拉帕戈斯"取自一个古老的西班牙语单词，意为"马鞍"。查尔斯·达尔文是岛屿最著名的访客，他的观察指引他有了改变世界的科学发现。

群岛上的超级明星们

加拉帕戈斯群岛与世隔绝，因此岛上有着非常特别的野生动植物群落。这些是其中一些最令人惊叹的物种。

蓝脚鲣鸟

这种海鸟以蓝色的大脚闻名，常在海岸边跳舞。

全新的陆地

加拉帕戈斯群岛的特别之处在于它们的起源：它们凭空而起。数百万年间，海底火山将火焰和岩浆抛洒在海床上。新生的岩石层不断增长，直到陆地冲出海面，在海洋中形成岛屿。全新的陆地空无一物，但已准备就绪，迎接生命的到来。

自然的奇迹

渐渐地，生命远渡重洋来到了这片空无一物的荒岛。与世隔绝了数百万年，岛屿上既没有与南美大陆相同的高大树木、大型掠食性哺乳动物，也没有大陆上常见的其他物种。因此，加拉帕戈斯群岛发展出一套独特的野生生物种群，它们的生存与行为方式非常与众不同。

海鬣蜥

这是一种不同寻常的蜥蜴，它们在海岸附近以水下岩石上的海藻为食。世界上没有其他蜥蜴这样生活！

象　龟

这种体型巨大、行动迟缓的巨兽，它们的足迹遍布群岛，已在各个岛屿安家落户。

弱翅鸬鹚

这是一种为游泳而非飞行而生的鸟。这种体型大，颜色深的潜水者是加拉帕戈斯群岛所独有的。

路氏双髻鲨

许多种鲨鱼，包括这种双髻鲨在内，每年都会以数千头之巨的规模，聚集在群岛附近的水域。

熔岩仙人掌

千万别碰！这种长满尖刺的植物缓慢生长在由熔岩冷却后形成的干燥岩地上。

长柄树菊

相比橡树或松树，岛上这些最高大挺拔的树木与雏菊的关系更密切些。

图帕克·尤潘基

传说中，这位印加帝国的皇帝于1480年带领探险队最先到访加拉帕戈斯群岛。

查尔斯·达尔文

这位英国博物学家在1835年的加拉帕戈斯群岛之行，令岛屿举世闻名。

科学的摇篮

达尔文阐释了抵达加拉帕戈斯群岛的动植物如何进化以适应它们所处的新环境。达尔文的进化理论彻底改变了科学，也改变了人类看待自我与自然的方式。时至今日，这些岛屿依旧是重要的科研中心。

需要被保护

人们已经在加拉帕戈斯群岛上生活了大约200年的时间。这期间，岛上许多独具魅力的自然生态遭到破坏。定居者们清除了自然栖息地，建造了农场，引入了许多动物和植物。如今，这些动植物正取代或消灭岛上原生的野生动植物。这些岛屿需要我们的帮助，以防它们被进一步破坏。

达尔文岛

这两座岛屿是早已死去的火山的遗迹，距离它们上一次喷发已过去40多万年。达尔文岛和沃尔夫岛与中心岛屿的距离超过306千米。沃尔夫岛距离雷东达岛125千米。

沃尔夫岛

雷东达岛

平塔岛

马切纳岛

圣地亚哥岛

这个岛有时也被称为圣萨尔瓦多岛，曾经是一座巨大的单体火山。岛上大部分地区被几个世纪前喷发的熔岩流所覆盖。1953年，挪威探险家托尔·海尔达尔和他的团队发现了嵌在熔岩之中的果酱罐，这些罐子可追溯到1684年，被海盗留在这儿。

巴托罗梅岛

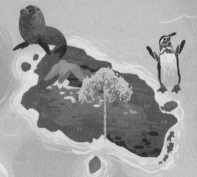

巴尔特拉岛

费尔南迪纳岛

费尔南迪纳岛是群岛中最年轻的岛屿。岛上有一座高度活跃的火山，这座火山是群岛最高的山峰。岛屿以西班牙国王"阿拉贡的斐迪南二世"的名字命名，他曾赞助了哥伦布第一次美洲之旅。费尔南迪纳岛是许多海鬣蜥、加拉帕戈斯企鹅和弱翅鸬鹚的家园。

拉维达岛

平松岛

圣克鲁斯岛

这座岛屿位于群岛的中心，也是群岛居民最多的区域，其中以阿约拉港镇尤为集中。巴尔特拉小岛在圣克鲁斯岛的北面，是群岛的主要机场的所在地。圣克鲁斯岛上中央的火山至少有100万年的历史——也许更久远——如今，它已有70余万年没有剧烈活动过了。

伊莎贝拉岛

伊莎贝拉岛是加拉帕戈斯群岛中最大的岛屿，占据群岛一半以上的陆地面积。它比第二大岛圣克鲁斯岛整整大四倍。该岛以"卡斯蒂利亚女王伊莎贝拉一世"的名字命名，她和丈夫费迪南德二世一起统治过西班牙。岛上共有六座火山（其中五座现在仍处于活跃状态）。这里是野生象龟的家园，岛上的象龟比世界上其他任何地方都多。

托尔图加湾

弗洛里亚纳岛

人类在加拉帕戈斯群岛的第一个定居点就在弗洛里亚纳岛。如今，生活在这里的人大多数是农民。此外，岛上还开展了大量的保护工作。

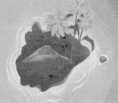

加拉帕戈斯群岛

加拉帕戈斯是一处群岛，或者说是岛屿链，分布在45000平方千米的海洋上。

加拉帕戈斯群岛总共有128座岛屿。而其中约110座狭小的岛屿——没有植被覆盖，只露出海面一点点的孤岛礁石。主要的岛屿构成了群岛大部分的陆地面积，每次群岛众多火山的喷发都会规律性地产生新的陆地。

赫诺韦萨岛

这座小岛绰号"鸟岛"，因为这里是大量海鸟的家园。这座岛比临近岛屿年轻得多。大约6000年前，这里曾发生过一次大规模的火山爆发，在岛中央形成了一个咸水坑湖。

圣克里斯托巴尔岛

该岛以水手的守护神"圣克里斯托弗"的名字命名，由三四座早已死亡的火山遗迹构成。在达尔文造访期间，圣克里斯托巴尔岛被当作刑罚之地——一处偏远的关押犯人的地方。

圣菲岛

这个小岛曾是一座火山，现在它的火山口已淹没在海下。它形成于海底岩石的抬升，正因如此，它不像群岛其他岛屿那般，反而相当平坦。

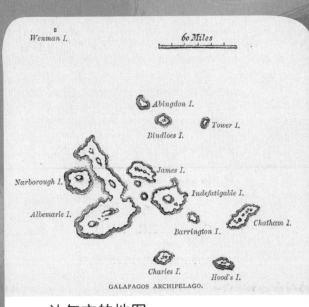

达尔文的地图

在1835年，达尔文探索加拉帕戈斯时，绘制了一张群岛的地图。后来，这幅草图（上图）被收录在关于这次科考游记的书中。达尔文使用英文来称呼这些岛屿。圣克鲁斯岛在当时被称为"因迪法蒂格布尔岛"，圣克里斯托巴尔岛以英国海港之名被命名为"查塔姆岛"，查塔姆当时是一处主要的海军基地。在那时，现名为"达尔文"的小岛被称为"卡尔培珀岛"（上图没有显示）。达尔文和"小猎犬号"其他成员走访了群岛的大部分岛屿，他们其中的一项工作便是更新该地区的海军航图。

埃斯潘诺拉岛（西班牙岛）

埃斯潘诺拉可能是群岛中最古老的岛屿，大约有400万年历史。此岛作为波纹信天翁的繁殖地而闻名。

活动中的火山热点

加拉帕戈斯群岛仍在形成之中。它们由一种被称为"热点"的火山系统所创造——"热点"是源自岛屿地下深处的岩浆（熔岩）热柱。"热点"为岛屿上许多火山提供能量，伴随熔岩一次次喷发，增添新的陆地。

数百万年以来，海床和海床之上的岛屿一直都在往一侧缓慢漂移。然而，热点却一直固定不动。所以，当之前形成的岛屿逐渐偏移，热点之上新生的火山熔岩依旧在先前岛屿的位置上形成新的岛屿。整个过程逐渐创造出我们称之为"加拉帕戈斯"的岛链。

熔岩是从火山口喷溢而出的岩浆。熔岩冷却变硬，形成新的土地。

板块运动

海床和坐落其上的加拉帕戈斯群岛是地壳的一部分，被称为"构造板块"。加拉帕戈斯群岛所属的板块大约以每年5厘米的速度向东南移动。这个速度与你指甲生长的速度大致相当。板块的移动使较老的岛屿逐渐远离热点，热点位于地壳以下的地幔层。

随着时间的推移，植物和野生动物占领了一个个火山岛屿。

岛屿

在地壳之下，高温液态的岩石被称为岩浆。

板块运动

热点

地壳

热点

在过去450万年间，来自加拉帕戈斯热点的熔岩一直在创造这些岛屿。除了我们今天看到的这些岛屿，热点还创造了曾经的火山，如今已被淹没的海山。群岛周围的海床覆盖着一块3千米深的火山台地。大约在2000万年前，熔岩在海床上逐渐蔓延形成这块台地。

地幔

纳斯卡板块

　　加拉帕戈斯群岛位于名为"纳斯卡板块"的地壳之上。这个板块与北边、西边的板块之间有一条洋中脊。熔岩沿着这条洋中脊推升，形成新的海床。这个过程将纳斯卡板块推向南美洲。纳斯卡板块的东部边缘俯冲到南美洲大陆之下，岩石在那里熔融于地幔之中。

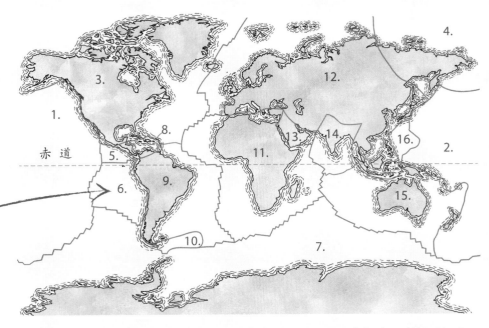

1 & 2. 太平洋板块 3 & 4. 北美洲板块 5. 科科斯板块 6. 纳斯卡板块 7. 南极洲板块 8. 加勒比板块 9. 南美洲板块 10. 斯科舍板块 11. 非洲板块 12. 欧亚大陆板块 13. 阿拉伯板块 14. 印度洋板块 15. 印度—澳洲板块 16. 菲律宾海板块

地壳不是单独的一层岩石圈，而是被分割成许多被称为"板块"的构造单元。

岛 链

　　当岛屿离热点越远，岛上的火山就越不活跃，最终岩浆的供应被切断。没有新的熔岩喷发，岛屿就停止变大。相反，高大的火山受到雨水、风和海浪的侵蚀，逐渐缩减着面积。

较老的岛屿最终会消失在海面之下。

加拉帕戈斯最古老的岛屿位于岛链的东端。

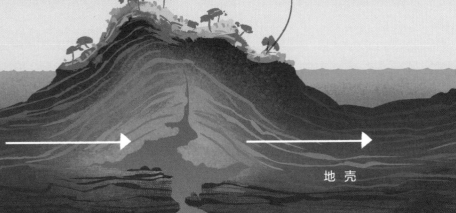

地壳

地幔

地 幔

　　热点位于我们这颗星球的地壳以下更深处，被称为"地幔"的地方。地幔层由高温的岩石物质构成，但并非都是构成地壳那样的岩石固体。加拉帕戈斯热点是从地幔更深处、温度更高的地方涌出的液态岩浆柱。

加拉帕戈斯群岛的火山

伊莎贝拉岛上熔岩喷涌

加拉帕戈斯群岛起源于火山喷发。在群岛众多的火山中，过去和现在火山喷发的痕迹清晰可见。海平面上有21座独立的火山。有些是岛屿上占据主导的高大山峰，而有些已是死火山，仅留下史前火山口的山峰变成探出海面的小岛。

这些火山可能处于活跃期、休眠期，也可能已经死亡。加拉帕戈斯群岛中有6座活火山，近几年经常喷发。其他几座是休眠火山。它们已经很久没有喷发过了，但在未来可能会喷发。其余已死去的火山，因为已经远离加拉帕戈斯热点和岩浆供给，则永远不会再喷发了。最活跃的山峰往往是最年轻的、最大的火山。其中最大的火山是伊莎贝拉岛上的沃尔夫火山，而不太活跃的山峰往往是较小的、较老的火山。在加拉帕戈斯群岛中最古老、地势最低的岛屿——圣克里斯托巴尔岛和埃斯潘诺拉岛上也有一些死火山。下面的场景以火山喷发的时间顺序依次展示岛上的火山。

圣克鲁斯火山	弗洛里亚纳火山	厄瓜多尔火山	达尔文火山	圣地亚哥火山	平塔火山
所属岛屿：圣克鲁斯岛	所属岛屿：弗洛里亚纳岛	所属岛屿：伊莎贝拉岛	所属岛屿：伊莎贝拉岛	所属岛屿：圣地亚哥岛	所属岛屿：平塔岛
海拔：864米	海拔：640米	海拔：790米	海拔：1330米	海拔：920米	海拔：780米
火山口：没有火山口	火山口：5千米宽	火山口：几个小火山口	火山口：5千米宽	火山口：几个小火山口	火山口：没有火山口
上一次喷发：有历史记录以前	上一次喷发：有历史记录以前	上一次喷发：1150年后	上一次喷发：1813年	上一次喷发：1906年	最后一次喷发：1928年
火山类型：盾状火山	火山类型：盾状火山	火山类型：盾状火山	火山类型：盾状火山	火山类型：盾状火山	火山类型：盾状火山

盾状火山

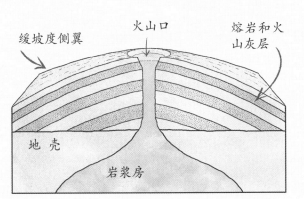

缓坡度侧翼　　火山口　　熔岩和火山灰层

地壳

岩浆房

加拉帕戈斯群岛的每座火山都是盾状火山。从海平面上看，这些火山就像倒扣的碗。然而，从空中俯瞰，整座火山像是一块中世纪战士的盾牌，由此得名"盾状火山"。盾状火山由快速流动的熔岩堆积而成。在火山喷发期间，这些熔岩迅速蔓延到更大的区域，然后冷却成固体岩石。在猛烈的喷发中，这些岩层与火山口喷出的火山灰、岩石交替出现。因此，盾状火山往往形成巨大的、具有宽阔顶面的、有缓坡的丘陵。

沃尔夫岛

达尔文岛和沃尔夫岛

在加拉帕戈斯群岛中，这两座最孤立的岛屿分别以两位最重要的考察者的名字命名：查尔斯·达尔文和西奥多·沃尔夫。这两座岛屿是耸立在海洋中的岩石峭壁，从海床上升起的死火山遗留下的最后一点山峰。达尔文岛的海岸线过于陡峭，船只无法登陆。在1964年，第一批登岛的人员通过直升机抵达这里。

达尔文岛

马切纳火山
所属岛屿：马切纳岛
海拔：343米
火山口：7千米宽
最后一次喷发：1991年
火山类型：盾状火山

阿尔塞多火山
所属岛屿：伊莎贝拉岛
海拔：1130米
火山口：8千米宽
上一次喷发：1993年
火山类型：盾状火山

塞罗·阿祖尔火山
所属岛屿：伊莎贝拉岛
海拔：1640米
火山口：5千米宽
上一次喷发：2008年
火山类型：盾状火山

内格拉火山
所属岛屿：伊莎贝拉岛
海拔：1124米
火山口：9千米宽
上一次喷发：2018年
火山类型：盾状火山

拉·昆布雷火山
所属岛屿：费尔南迪纳岛
海拔：1476米
火山口：6千米宽
上一次喷发：2020年
火山类型：盾状火山

沃尔夫火山
所属岛屿：伊莎贝拉岛
海拔：1707米
火山口：7千米宽
上一次喷发：2022年
火山类型：盾状火山

熔岩和火山口

渣块熔岩

这种发音为"啊——啊"，有点黏稠的熔岩在流动时会结成块状。等到渣块熔岩冷却后，地面就会遍布大量多孔带刺的黑色碎石屑。

绳状熔岩

绳状熔岩也被称为"结壳熔岩"，炙热滚烫的熔岩是光滑的、流动的，通常表层冷却凝结成波纹状的岩壳，而滚烫的熔岩依然在内部流淌。

火山喷气孔

火山上的裂缝或喷气口，会从地下深处喷出蒸气及其他不太好闻的气体。

熔岩滴丘

当熔岩从地表冲出一道开口，就会形成这种锥形结构的砂石堆。气体从土堆顶部的喷口溢出。

炙热滚烫的熔岩夹杂着灼热的火山灰从火山口喷薄而出，加拉帕戈斯群岛所有的土地都诞生于火山喷发。

时至今日，我们依然能在年轻的西部岛屿上看见许多活火山周围正在形成新的陆地。然而，群岛（岛链）东部那些较老的、趋于平静的岛屿依然有许多迹象表明它们曾经激烈火热。

熔岩隧道

熔岩隧道是一种长长的洞穴，其中曾经充斥着高温的熔岩。这些熔岩在冷却的熔岩地壳下流动。当所有的熔岩流出后，便形成一条天然的隧道。

熔岩趾

炙热的绳状熔岩从熔岩流核心冒出时，便会形成熔岩趾。

坑状火山口
　　当熔岩通道或地下岩浆房坍塌时,便会形成这种火山口。

破火山口
　　破火山口是指原来火山锥顶处的火山口陷落,陷入地下深处空的岩浆房所产生的规模较大的火山口。

凝灰锥
　　凝灰锥是岩浆混合水爆破式喷发所产生的一堆火山灰烬。

熔岩喷叠锥
　　从火山喷气孔飞溅出一团团黏稠的熔岩,堆叠成这样小小的岩石锥体。

火山岩脉
　　这是一条强行垂直切穿旧有岩层的熔岩裂缝。

火山渣锥
　　这种常见的火山类型,由称为"煤渣"的熔岩碎片构成,通常存在于较大型火山的侧面。

火山塞
　　火山塞是一块塔状的硬质岩石。曾经充填在火山通道的火山熔岩,在周围较软的岩石被侵蚀之后所剩下的部分就形成了火山塞。

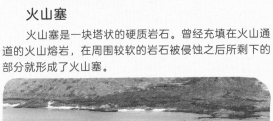

浮石
　　这种质地软而轻的岩石由熔岩在水中喷发冷凝而成,岩浆冷却得快,其中包裹住了密集的气孔。

群岛周围的海洋

加拉帕戈斯群岛位于太平洋的一处十字路口。三大洋流与更富营养物质的深海上升流在此交汇，为野生动物群落的到来创造了有利条件。这些令人惊叹的野生动物令岛屿举世闻名。

南美洲沿岸的上升流为洪堡寒流注入营养物质，洪堡寒流从南极洲一路向北流动，将富含营养物质的海水带到北方。赤道海域的上升流补给克伦威尔逆流，为这些岛屿输送更多的营养物质。从东北方向吹来的盛行风推动巴拿马暖流远离岛屿沿岸，从而使更多上升流向上翻涌。

深海克伦威尔逆流

洋流的冷与暖

洋流在世界的海洋中纵横交错。一般来说，寒流从两极流向赤道，暖流则是从赤道流向两极。

■ 暖流
■ 寒流

海洋十字路口

洋流从四面八方涌向加拉帕戈斯群岛，影响着群岛的气候。

平塔岛

马切纳岛

伊莎贝拉岛

加拉帕戈斯群岛

圣地亚哥岛

费尔南迪纳岛

巴拿马暖流也被称为"加勒比海流"，它将暖水带到加拉帕戈斯群岛。

巴拿马暖流

圣克里斯托巴尔岛

圣克鲁斯岛

洪堡寒流也称为"秘鲁寒流"，是一种流速缓慢的浅层洋流。

克伦威尔逆流

洪堡寒流

克伦威尔逆流是存在于海洋表面以下约100米的暗流。

弗洛里亚纳岛

埃斯潘诺拉岛

自然侵蚀导致达尔文拱门坍塌。

达尔文拱门

在加拉帕戈斯群岛北部，洋流和海风曾在海面上塑造出一道43米高的岩石拱门。这就是大名鼎鼎的"达尔文拱门"。这处引人注目的拱门在2021年坍塌了。海鸟们继续在这道拱门的两根支撑柱上筑巢繁衍。

暖水 ⟶ 冷水

表层海水中的营养物质为微小的浮游生物所利用。

富含营养物质的海水上泛

岛屿周围的海水富含营养物质，滋养着整个加拉帕戈斯群岛。

上升流

风通常从东向西吹过加拉帕戈斯群岛及其周围海域。这些风将表层温暖的水推开，下层的冷水上升，取代原来表层的暖水，带来海洋深处的营养物质。

厄瓜多尔

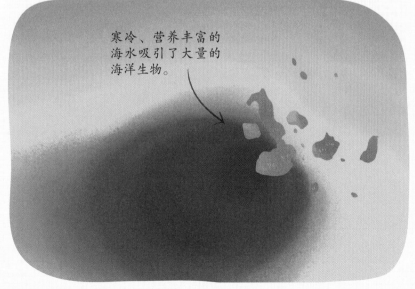

寒冷、营养丰富的海水吸引了大量的海洋生物。

冷水

赤道附近的海域通常都很温暖，但加拉帕戈斯群岛有一处冷水区，由岛屿向外扩散，延伸到很远的地方。冷水中携带着更多的营养物质。所以，这处冷水区是野生动物的天堂。

生命的到来

加拉帕戈斯群岛从海洋中诞生。接着，陆续到来的动物群落开始在岛上安家落户，成为这些年轻岛屿的主人。

　　这是一个循序渐进的过程。一些物种因加拉帕戈斯群岛太过荒凉而自行消亡，但另一些物种则想方设法在这里生存，并繁衍生息。藻类和地衣等孢子最先来到这里，在裸露的岩石上扎根。接着，当岩石沉积物和有机物形成土壤，岛屿开始滋养苔藓和草等第一批抵达的植物，这让吃草的象龟、鸟类和猎食的蛇类得以生存。现在，自加拉帕戈斯群岛最初形成以来的几百万年里，这些杂乱无章的生命已演化成不可思议的野生动物，令整个群岛如此特别。

陆龟

鬣蜥

木筏

蛇

木筏

　　树木掉落进河里，被冲入海中，可能在海上漂流数周。这些浮木又被洋流卷走，最终被冲上遥远的海岸。浮木成为陆地动物的筏子，蜥蜴、陆龟和蛇很可能通过这样的方式从大陆来到加拉帕戈斯群岛。陆龟也可能自行漂浮而来。那些常待在近岸的小鱼也跟着海上的浮木抵达这里。

鲸

海豹

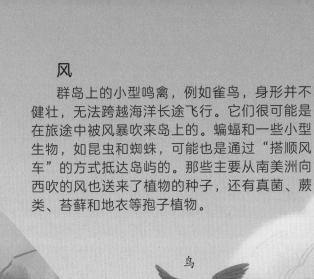

风

群岛上的小型鸣禽，例如雀鸟，身形并不健壮，无法跨越海洋长途飞行。它们很可能是在旅途中被风暴吹来岛上的。蝙蝠和一些小型生物，如昆虫和蜘蛛，可能也是通过"搭顺风车"的方式抵达岛屿的。那些主要从南美洲向西吹的风也送来了植物的种子，还有真菌、蕨类、苔藓和地衣等孢子植物。

蝙蝠

鸟

地衣

种子

赢 家

加拉帕戈斯群岛的植物以菊科植物、草类和蕨类植物等物种为主。这些植物分裂轻盈细小的易靠风传播的种子或孢子。在岛上，那些依靠动物或水流传播种子的植物并不多见。

洋 流

海洋生物可能是跟着流向此地的洋流发现加拉帕戈斯群岛的，也可能在偶然间被风暴送到了这里。这处岛链拥有海洋动物生存所需的一切，因此，包括海豹和企鹅在内的许多意外的访客从此便留了下来。这些岛屿已经成为海龟和海鸟们重要的繁殖地，而鲸类、海豚和鲨鱼也频繁地来到这里，在岛屿周围营养物质丰富的水域中觅食。

企鹅

输 家

大型哺乳动物和青蛙是两类没能借助自然途径抵达加拉帕戈斯群岛的动物。因为原木筏子无法承载美洲虎和熊等大型的哺乳动物。只有像老鼠和蝙蝠之类的小型哺乳动物，才顺利完成了旅程。而高盐度的海水会杀死青蛙和其他两栖动物，导致它们无法跨过海洋。

21

岛屿的气候与季节

加拉帕戈斯群岛全年温暖，阳光充足。不同于世界上更凉爽的地区一年有四季，岛上只有两个季节：雨季和旱季。

一年中的上半年是岛屿的雨季，这也是最温暖的季节，温度达到28℃左右，海水温度也随之升高。海水蒸发形成厚厚的云层，在群岛上方产生暴雨。云层覆盖也有助于将热空气困在靠近陆地的地方。一年中的下半年是岛屿的旱季。然而，这时的气候并不十分干燥，因为逐渐加强的洪堡寒流带来凉爽的细雨，润泽岛屿上海拔较高的潮湿区域。空气和海水都很凉爽，在一些日子中，气温只有21℃。从南美洲吹来的风变得强劲，但凉爽的天空中少云，因此天气持续干燥。太阳一下山，晴空中的热气就消散退去。

雨季期间的弗洛里亚纳岛

季节变化

在加拉帕戈斯群岛，两个季节差异明显。雨季有温暖的海水与和煦的风，而旱季则有较凉的海水和较强劲的风。

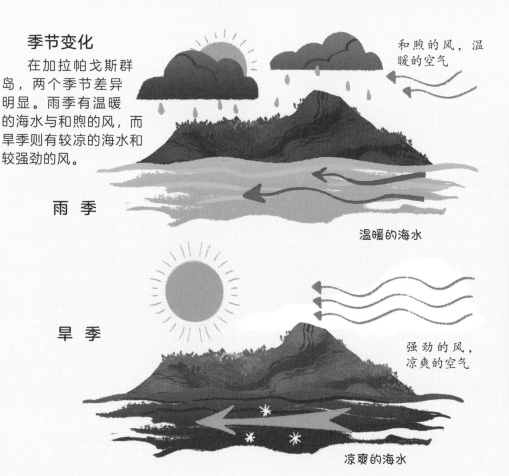

和煦的风，温暖的空气

雨季

温暖的海水

旱季

强劲的风，凉爽的空气

凉爽的海水

太平洋中温暖的区域

"厄尔尼诺"现象

每隔几年，太平洋的气候就会经历一次大转变。这种变化被称为"厄尔尼诺"现象。在西班牙语中"厄尔尼诺"意为"男孩"，这里特指圣婴耶稣。因为由它引发的天气变暖，正值南美洲圣诞节期间。当来自南方较冷的洪堡寒流减弱，而来自西方温暖的太平洋海水占据主导，厄尔尼诺现象便发生了。这一现象削弱了在加拉帕戈斯群岛汇聚的洋流，导致群岛周围的水域变得异常温暖。不仅如此，"厄尔尼诺"的影响会波及全世界。在加拉帕戈斯群岛，它直接减少支撑海洋生物和陆地动物的食物数量。

饥馑之年

"厄尔尼诺"现象彻底改变了群岛附近海水运行的方式。当从幽深海床上涌的富含营养物质的水流停滞，意味着岛屿周围水域中，海洋生物赖以生存的营养物质将被耗尽。所有的动物都开始挨饿，包括岸上的海鬣蜥和海狮等。但当洋流的强弱转向，冷水重返时，生命又将迅速复苏。

旱季"厄尔尼诺"期间，弗洛里亚纳岛的鸬鹚角。

海鬣蜥的骨架

"小猎犬号"
航海记

如今，加拉帕戈斯群岛因为查尔斯·达尔文而闻名于世。这位英国科学家提出了生物进化论，阐释了植物和动物如何随着时间的推移而发生变化。

在1835年，达尔文乘坐英国"小猎犬号"勘探船到访群岛。他并非以官方科学家的身份加入，而是作为付费乘客上船，陪伴船长进行为期5年的探险活动。回到英国后，达尔文将这次漫长的冒险旅程中的所见所闻，写进《"小猎犬号"航海记》一书中。他所做的诸多观察引导他开始思索地球上的生命究竟如何演化。

加那利群岛

加拉帕戈斯群岛

巴塔哥尼亚
福克兰群岛

→ 去程
→ 回程

漫长的旅程

"小猎犬号"穿越大西洋环游世界，航行到访了太平洋的许多岛屿和澳大利亚。舰船从英格兰出发时，达尔文年仅22岁。那时他刚刚完成大学的科学学业，正考虑成为一位牧师。他主要的兴趣点在地质学（研究岩石和地球）和野生动物，在漫长的航行中，他收集到了许多生物标本。

"小猎犬号"

"小猎犬号"虽然是一艘军舰船，但它从未参与过作战。为了探索世界的海洋，它配备齐全。船上配备约70名船员，他们负责绘制详细的地图，并追踪洋流的方向。"小猎犬号"曾三次环球航行，达尔文是在该船第二次出航、探索南半球时登上此船的。

加那利群岛

在大西洋的加那利群岛时，达尔文曾用一个密布小孔的网来收集漂浮在海水中的微小生物。他对网中容纳的微生物数量感到十分惊讶。这些微生物如今被称为"浮游生物"。

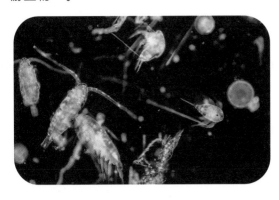

巴塔哥尼亚

在巴塔哥尼亚（南美洲的南部）上岸时，达尔文发现了一块大地懒的头骨化石。这种巨型树懒可长到6米长，与今日生活在南美洲的任何动物都截然不同。

福克兰群岛

达尔文在这些南大西洋的岛屿上看到过一种大型犬科动物，它便是"福克兰群岛狼"。他准确预见了这种犬科动物会因定居者的大量猎杀而灭绝。这种动物于1876年惨遭灭绝。

罗伯特·菲茨罗伊

罗伯特·菲茨罗伊是"小猎犬号"的船长，他对天气非常感兴趣，并提出了"天气预报"一词。1854年，作为海军上校退休后，菲茨罗伊建立了不久后被命名为"气象局"的机构。这也是世界上第一个专门负责天气预报的机构。

达尔文岛

6.沃尔夫岛和达尔文岛

"小猎犬号"驶回圣地亚哥岛，途径埃斯潘诺拉岛（当时叫胡德岛），去接达尔文和其他营员。这艘舰船几乎准备离开加拉帕戈斯群岛了。它已完成勘测任务，向西北方的文曼岛和卡尔培珀岛进发。文曼岛在今日被称为"沃尔夫岛"，以德国博物学家沃尔夫的名字命名。在达尔文到访约50年后，他探索了加拉帕戈斯群岛。而卡尔培珀岛现在叫"达尔文岛"，以达尔文的名字命名。

沃尔夫岛

4.平塔岛、马切纳岛和赫诺韦萨岛

离开伊莎贝拉岛后，"小猎犬号"的船长罗伯特·菲茨罗伊将船转向北方，去看看阿宾登岛、宾德洛岛和塔岛——如今被称为"平塔岛""马切纳岛"和"赫诺韦萨岛"的三座岛。在接下来四天里，他与大风、洋流搏斗，一直无法在这些小岛上找到可以靠岸的地方。当饮用水耗尽后，"小猎犬"号向南折返，驶向下一座岛屿。

搭建营地

在两位仆人的帮助下，达尔文和比诺埃在圣地亚哥岛海盗湾附近一处避风的山谷里搭起了帐篷。他们有一名当地的向导，他来岛上捕捉象龟。他把达尔文带到内陆高地，那里的象龟聚集在一个水坑周围。离开前，达尔文捉了一只小圣地亚哥岛象龟，把它当作宠物带上了"小猎犬号"。还未回到英国，这只象龟就已死去。

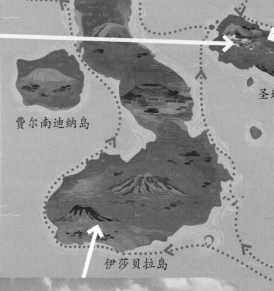

平塔岛

马切纳岛　　　　赫诺韦萨岛

圣地亚哥岛

费尔南迪纳岛

圣克鲁斯岛

伊莎贝拉岛

弗洛里亚纳岛

3.伊莎贝拉岛

旅途的下一站是阿尔贝马尔岛，即现在的伊莎贝拉岛。军舰在群岛中这个最大的岛屿周围航行了六天时间。在这座火山岛上，达尔文第一次注意到雀鸟的存在。也是在这里，达尔文第一次近距离观察到海鬣蜥潜入海面下觅食。他猜测这些鬣蜥在猎食小鱼，但后来发现它们吃的是藻类。

测绘岛屿

达尔文在加拉帕戈斯群岛上的发现令"小猎犬号"其他成员开展的工作黯然失色。舰船造访这些岛屿的主要目的是绘制群岛海岸线、火山和其他主要地标的地图。该项工作主要由勘测队完成。与达尔文不同的是，这些勘测队成员踏足了群岛的每一座岛屿。

达尔文在加拉帕戈斯

5.圣地亚哥岛

"小猎犬号"随后驶向詹姆斯岛，即圣地亚哥岛。在这个岛上，船员们找不到一处淡水源，所以他们便返回圣克里斯托巴尔岛进行补给。而达尔文和船上的医生本杰明·拜诺则留了下来，设法从一处山泉中找到了淡水。他们在海盗湾搭起了帐篷，在那待了九天时间，探索、收集诸如雀鸟的标本。后来，这些标本被鸟类学家约翰·古尔德分类，并被用来支持达尔文的进化论。

1835年9月15日，达尔文随"小猎犬号"抵达加拉帕戈斯群岛。"小猎犬号"围绕群岛巡游了一个多月，并在1835年10月20日离开，前往太平洋中心的塔希提岛（大溪地）。

绘制详细的岛屿地图是"小猎犬号"上船员们的主要工作。勘测队中负责绘制地图的人乘坐小艇绕岛巡游，而达尔文通常乘着"小猎犬号"在这些岛屿间环游。他在大部分岛屿上只匆匆停留了数小时，观察野生动物，记录景观，并收集动植物和岩石的标本。

圣克里斯托巴尔岛

斯潘拉岛

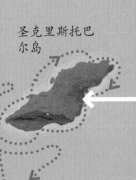

1.圣克里斯托巴尔岛

"小猎犬号"首先抵达圣克里斯托巴尔岛，当时这里被英国水手称为"查塔姆岛"。舰船绕岛航行，在几处海湾停泊，期间有三天时间达尔文并未上岸。当他一上岸，就注意到岛上的鸟儿十分温顺，并记录下熔岩景观和火山口的情况。正是在这里，达尔文第一次看到了巨大的象龟。当时，这些可怜的象龟被视作食物来源，被船员捕捉搬运上船。

2.弗洛里亚纳岛

下一座岛，当时被达尔文称为"查尔斯岛"，比第一座更绿意盎然。这群考察者在岛上遇见了监狱长尼古拉斯·劳森。劳森带领他们四处转悠，他介绍说，每座岛屿的象龟长着不同形状的龟壳。不幸的是，这座岛上的象龟于1846年灭绝。岛上的查尔斯嘲鸫也已灭绝。但这种鸟类被发现残存在毗邻该岛的两座小岛上。离开一年之后，达尔文比较了在弗洛里亚纳岛和圣克里斯托巴尔岛的两种嘲鸫之间的差异。

跟随"小猎犬号"巡游加拉帕戈斯群岛

进化的故事

加拉帕戈斯的每座岛屿都演化出自己独有的植物和动物，这是达尔文造访这里时所作的最重要的观察之一。

例如，一座岛上的象龟与生活在另一座岛上的象龟会有细微的差异。达尔文开始思考，为什么会这样？他对这个问题进行了长达数年的思索，并提出了自然选择的演化理论。达尔文于1859年出版的《物种起源》一书中向全世界阐述了进化论的观点。

在隔离中进化

与世隔绝推动了加拉帕戈斯群岛上许多物种的进化。岛上的物种不会遭遇环伺在大陆同类周围的捕食者和其他竞争者。例如，弱翅鸬鹚的祖先最初靠飞行来到加拉帕戈斯群岛。然而，在这些岛上，因为不需要借助飞行躲避猎食者，鸬鹚便不再使用它们的翅膀，所以，它们在进化过程中慢慢丧失了飞行能力。

自然选择

达尔文的理论可以用"适者生存"来概括。一个群体中没有两种完全相同的动物，它们之间总会存在差异。这种差异意味着一些动物具有一些特点，使它们比其他动物更适合在一个地方生存繁衍。这就是达尔文所谓的"适合"。"不适合的"动物没有这些有用的特征，所以无法在竞争中获得食物，更可能死亡。适合的动物更容易存活，拥有更多的后代。自然对它们进行了选择，因此，它们有用的特质会变得更加普遍。这群动物由此发生了改变，称为进化。

祖先

一群同一种类的雀鸟被风吹离了航道，降落在加拉帕戈斯的一座小岛上。虽然它们都是薄喙鸟，最适合捕食小型昆虫。但在该种群中，鸟喙确切的形态和大小在细枝末节中仍然存在着一些细微的遗传差异。

许多代以后

在岛上，雀鸟的主要食物是坚硬的种子。拥有更厚实的喙和咬合力更强的雀鸟可以咬开种子，获得更多的食物。这些鸟儿更可能存活下来，繁衍后代，并将厚喙的特征继承下去。经过许多代的繁衍和数百万年的时间，这种自然选择产生了新的雀鸟种群，它们的喙都非常大且厚实。

进化中的物种

一座岛上的物种
来自南美洲的圆顶形背壳的象龟在加拉帕戈斯一座陡峭的岛屿上定居，靠啃食生长在潮湿山坡上的青草为生。

举家搬迁
当一些象龟迁移到另一座岛上，象龟种群就开始分裂了。因为这座岛屿更加平坦，气候更加干燥，岛上只有高大的仙人掌，几乎没有长草。

自然选择
在这座平坦的岛屿上，象龟繁衍了许多代，那些生来就具有翘顶背壳的象龟发现它们可以够着高高的仙人掌的掌板。它们比圆顶背壳的象龟生活得更好，因为圆顶形象龟只能吃地上稀疏的草。缘盾高耸的，或者说马鞍形的龟壳被自然地选择，而圆顶形龟壳的象龟则开始消失。

两座岛屿的物种
数百万年后，如今生活在干燥、平坦岛屿上的马鞍形背壳的象龟与在较湿润的丘陵岛屿上的圆顶形背壳的象龟截然不同。这两种象龟种群不再杂交繁殖，现在它们已变成两个独立的物种。

爬行动物都十分安静。在加拉帕戈斯群岛上，爬行动物制造的最大声响来自象龟在交配时所发出的类似"哞哞"的声音。

爬行动物

加拉帕戈斯群岛是地球上为数不多的体形最大的动物为爬行动物的地方之一。在世界上的大多数地区，哺乳动物牢牢占据统治地位。加拉帕戈斯群岛通常炎热且干燥，这样的条件适合冷血的爬行动物。每天早上，它们需要在阳光下取暖。身覆鳞片、革质的皮肤也使爬行动物比哺乳动物更适合漂洋过海来到这里。岛上每一种爬行动物都是那些能在缺乏食物和淡水的海上存活数周的动物们的后代。

在费尔南迪纳岛，加拉帕戈斯陆鬣蜥在拉·坎布雷火山的破火山口边缘。

海鬣蜥

海鬣蜥已完成进化，习惯在粗砾的岩石上生活。这些岩石在火山熔岩与寒冷的海洋撞击时产生。海鬣蜥锋利的牙齿和钝鼻使它们能够啃食生长在岩石上的藻类。

加拉帕戈斯象龟

在岛屿内陆和海岸线的缓坡处，生长着灌木丛、草地和落叶林。这里是象龟等食草类爬行动物们理想的栖息地。

爬行动物

分布在世界其他地方的大部分爬行动物在加拉帕戈斯群岛上也能找到。这里有陆龟、海龟、蛇和蜥蜴，例如：鬣蜥和壁虎。鳄鱼是唯一一种在岛上见不到的重要的爬行类动物。

尽管岛屿上不同的爬行动物的外表和生活方式不尽相同，但它们共同都具有一些基本的特征。它们的表皮覆着鳞片，上面附有一层叫角蛋白的防水物质。它们都是变温动物，这意味着它们的体温会随着环境温度的变化而变化。虽然在更遥远地方的爬行动物会产下幼崽，但在加拉帕戈斯群岛上的爬行动物都是卵生动物。

大大的眼睛利于夜视。

加拉帕戈斯群岛上生活着五种壁虎。这种叶趾壁虎是加拉帕戈斯群岛所独有的。

熔岩蜥蜴

　　小小一只刺溜移动的熔岩蜥蜴广泛分布于群岛的各个岛屿。它们生活在靠近海岸线的温暖低地，经常在黝黑的岩石上，晒太阳取暖。

游 蛇

　　海滩是岛上游蛇的家园。它们捕食壁虎、熔岩蜥蜴、老鼠、昆虫、刚出壳的雏鸟和海鬣蜥。

蛋壳保护

　　爬行动物能在干燥的地方繁殖，得益于它们的卵有外壳保护。蛋壳防水，因此，滋养胚胎的液态蛋白和蛋黄在其成长发育过程中也不会变干。而且，蛋壳也透气。所以，尚在壳中的爬行动物幼体可以在里面自由呼吸。

壁虎的长尾巴可以在打斗中自行断裂，以吓唬攻击者。

壁虎将脂肪储存在它们的尾部，以备食物匮乏时之需。

指趾的爪垫密布细毛，可以黏附于任何平面之上。

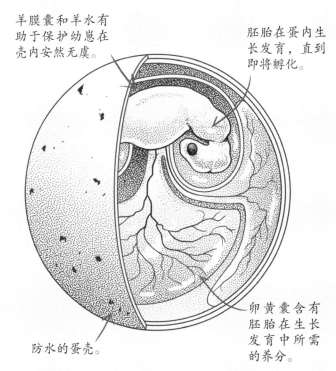

羊膜囊和羊水有助于保护幼崽在壳内安然无虞。

胚胎在蛋内生长发育，直到即将孵化。

防水的蛋壳。

卵黄囊含有胚胎在生长发育中所需的养分。

海鬣蜥

海鬣蜥是世界上唯一一种在海洋中觅食的蜥蜴。就像所有的爬行动物一样，海鬣蜥也是变温动物。这意味着它在温暖的时候最活跃，而在寒冷时最迟钝。正因如此，它在加拉帕戈斯群岛周围寒冷的水域中觅食时，不能停留太长时间。

年轻的或者雌性海鬣蜥，通常个头较小，在水边裸露的岩石上进食海藻；而身形较大的雄性海鬣蜥则潜入水下啃食海藻。海鬣蜥能潜到海面以下15米的深处，并在水下停留大约20分钟时间。当体力开始衰减，它就爬上岸，在太阳下取暖。太阳的能量也帮助海鬣蜥消化它的食物，并为它下一次进食提供所需的能量。

全世界只有一种海鬣蜥。尽管这些鬣蜥通常不会在岛屿间穿梭往来，但它们已经成功遍布加拉帕戈斯群岛。研究种群的科学家们已把海鬣蜥分出了至少11个不同的亚种。

太多盐了！

盐腺

咸咸的鼻涕

只吃水下的海藻意味着海鬣蜥会摄入大量的盐。体内盐分太多对身体十分有害，所以，海鬣蜥需要把盐排出体外或脱盐。海鬣蜥的鼻子里有特殊的腺体可以帮助它们从血液中去除盐分，然后靠打喷嚏的方式将咸咸的鼻涕喷出。

爬行动物

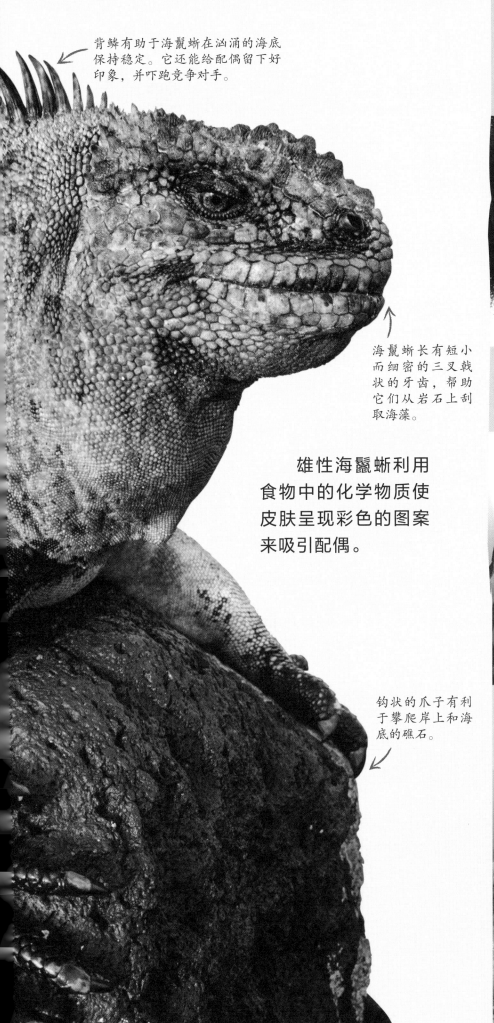

背鳞有助于海鬣蜥在汹涌的海底保持稳定。它还能给配偶留下好印象，并吓跑竞争对手。

海鬣蜥长有短小而细密的三叉戟状的牙齿，帮助它们从岩石上刮取海藻。

雄性海鬣蜥利用食物中的化学物质使皮肤呈现彩色的图案来吸引配偶。

钩状的爪子有利于攀爬岸上和海底的礁石。

潜水、游泳和进食

一只体型较大的海鬣蜥从火山岩石上一头扎入海中。因为它在水下无法呼吸，所以，它先深吸了一口气。

一路上，海鬣蜥将短腿折叠，紧贴在身体两侧，运用长长的桨状尾巴游到海床上。

海鬣蜥用它长而结实的爪子紧紧抓住岩石，大口啃食海藻。它短而扁平的吻部适合在岩石上进食。

热熔岩与冷海水

雄性海鬣蜥会在两种截然不同的栖息地之间来回活动。

这会儿，雄性海鬣蜥在岩石上晒太阳，在那里阳光烘烤着黑色熔岩。下一刻，它又潜入寒冷的水中，寻找它的食物——海藻。雌性海鬣蜥和幼年鬣蜥则在潮间带的岩石上寻觅食物。海鬣蜥是变温动物，这意味着它们无法控制体温。为了生存，它们只得以不同的方式来取暖和降温。

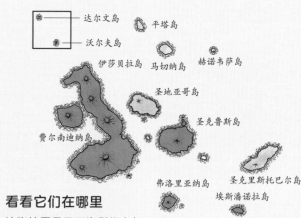

看看它们在哪里
这张地图显示了海鬣蜥在加拉帕戈斯群岛的分布情况。

海鬣蜥的口鼻部经常覆盖着一层从鼻子打喷嚏泌出的食盐晶体。

体温管理
海鬣蜥从寒凉的海水中爬上岸后，湿漉漉的体表比干燥时颜色更深。深色更易吸收热量，所以，海鬣蜥在阳光下迅速晒干，让自己变得温暖起来。

指天向日
当海鬣蜥的身体变得过热时，它们就用前腿撑地，高高挺立，所以它们的头也直指朝上。这种"指天向日"的姿势可以减少烈日炙烤身体的热量。

变化身体

在繁殖季节，大个头的雄性海鬣蜥就会产生鲜艳的色彩来吸引雌性。生成鲜艳花纹的化学物质源自海鬣蜥吃的藻类。因栖息的岛屿不同，海鬣蜥身上的图案和颜色都不一样。

"指天向日"的姿势防止海鬣蜥在正午直射的阳光下身体过热。

会收缩的海鬣蜥

在"厄尔尼诺"期间，海鬣蜥周围的食物减少。这些长躯干的海鬣蜥拥有非凡的应对策略。它们从自己的骨骼和肌肉中吸收营养为身体供能，这使得海鬣蜥变得更瘦更短。而当食物再次变得充裕时，它们又恢复到原本的大小。

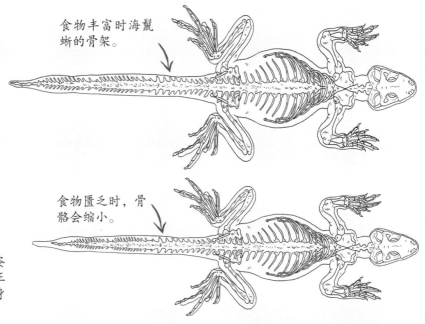

食物丰富时海鬣蜥的骨架。

食物匮乏时，骨骼会缩小。

冷 ——→ 热

夜间蜷缩

每当夜幕降临，岩石中的热量开始向空中散失。当海鬣蜥体温降低时，它们便蜷缩在一起，相互取暖，在睡梦中度过漫漫长夜。

看看它们在哪里

这张地图显示了陆鬣蜥在加拉帕戈斯群岛的分布情况。

达尔文岛

沃尔夫岛

平塔岛

伊莎贝拉岛　马切纳岛　赫诺韦萨岛

圣地亚哥岛

圣克鲁斯岛

费尔南迪纳岛

弗洛里亚纳岛　圣克里斯托巴尔岛

埃斯潘诺拉岛

打斗

陆鬣蜥大多数时候都独自生活。它们龇牙咧嘴，试图通过露出牙齿和淡粉色齿龈来吓退遇见的同类。如果这招不管用，对手间还会试图咬住对方的脖子，比试谁才是真正的老大。

背刺保护着陆鬣蜥的后颈和头顶。

许多小鳞片粗糙且有棱。

负面评价

达尔文对他在岛上遇见的陆鬣蜥印象不佳。达尔文形容它们是"丑陋的动物……有着愚蠢的外表"。为了弄清它们吃什么，达尔文甚至在陆鬣蜥的肚子上剖了一道口子。

爬行动物

陆鬣蜥

这种笨拙的身披鳞甲的怪兽是加拉帕戈斯群岛上最大的蜥蜴。陆鬣蜥是海鬣蜥的近亲，但成年陆鬣蜥的体形约是海鬣蜥的两倍大，有时能达到1.5米长，13千克重。

加拉帕戈斯群岛有三种陆鬣蜥。最常见的一种分布在较大的岛屿上。另一种体型稍小，颜色偏浅的巴灵顿陆鬣蜥，只生活在圣克鲁斯岛附近的圣菲小岛上。第三种粉红色鬣蜥只栖息在伊莎贝拉岛的沃尔夫火山山坡上。成年陆鬣蜥只吃植物，但在幼年时，它们的食物范围较广，其中包括甲虫、蜈蚣，甚至雏鸟。和所有爬行动物一样，陆鬣蜥是变温动物。所以经常看见它们在早晨时晒着太阳。但到了正午气温升高，对它们而言太热了，于是，它们躲进阴凉处休息。

粉红色鬣蜥

全世界大约只有100只粉红色鬣蜥，伊莎贝拉岛人迹罕至的区域是它们唯一的栖息地。这种陆鬣蜥于1986年首次被发现，直到2009年科学家才证实它们是一个独立的物种。

粉红陆鬣蜥生活在一块只有
25平方千米的区域。

费尔南迪纳岛上的雌性陆鬣蜥需要一处温暖的沙坑来掩埋它们的蛋，所以，它们爬到岛上拉·昆布雷火山口的边缘。

然后，陆鬣蜥在陡峭而又不稳定的山坡上找到一条路，艰难地爬进活火山口，同时还得尽力躲避滚落下的岩石。

当抵达火山口的底部后，它们把蛋产在温暖而柔软的火山灰中，陆鬣蜥幼崽破壳后，它们必须一路爬出去！

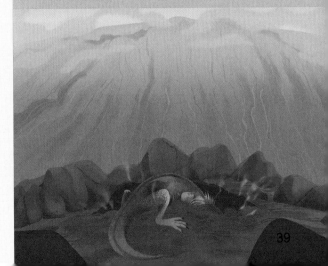

埃斯潘诺拉熔岩蜥蜴（雄性）

平松熔岩蜥蜴（雌性）

熔岩蜥蜴

圣地亚哥熔岩蜥蜴（雌性）

这些引人注目的蜥蜴是加拉帕戈斯群岛上分布最广的爬行动物种类之一。顾名思义，这种蜥蜴在遍布岛屿的粗砾岩石上觅食。从蛆虫、蚂蚁，到植物的花和叶子，它们吃任何能找到的食物。

在加拉帕戈斯群岛上共有10种熔岩蜥蜴，所有种类都属于崤尾蜥科。其中，加拉帕戈斯熔岩蜥蜴分布最广，其他种类仅限于某座岛屿，包括仅在平松岛发现的平松熔岩蜥蜴。不同的种类可以通过它们体表的彩色斑纹来区分。

圣克里斯托巴尔熔岩蜥蜴（雄性）

圣克鲁斯熔岩蜥蜴（雌性）

鬣蜥的表亲

熔岩蜥蜴是加拉帕戈斯鬣蜥的亲戚，尽管它们演化得更小，从鼻尖到尾巴尖大约只有15厘米长。熔岩蜥蜴与鬣蜥表亲共享同一片栖息地，并经常爬到后者的背上捕捉苍蝇和其他小昆虫。

加拉帕戈斯熔岩蜥蜴（雌性）

雄性和雌性

将雌性蜥蜴与雄性蜥蜴区分开，是一件十分容易的事。同龄雌性的身长只有雄性身长的四分之三左右，表皮鳞细且平滑，雄性蜥蜴的鳞片更粗糙，脖子后方有刺状突起。

快来看我吧！

雄性熔岩鬣蜥很爱做出炫耀的举动，除了变换醒目的色彩外，它们还会爬到高高的岩石上表演俯卧撑，以此来吸引雌性的注意。

圣菲熔岩蜥蜴（雄性）

弗洛里亚纳熔岩蜥蜴（雄性）

平塔熔岩蜥蜴（雌性）

游 蛇

正如其名，这种游蛇靠速度获取食物。它们是伏击者，能在瞬间突袭并攫取猎物。加拉帕戈斯群岛上有九种游蛇。它们都非常纤细，但很少超过1米长。不同的岛屿上生活着不同种类的游蛇。

在靠近海岸线的干燥区域，游蛇栖息在干燥的灌木地、草地、落叶林和花园，有时（取决于具体的岛屿）还生活在裸露的火山岩石中。它们靠捕食小蜥蜴、昆虫和雏鸟为生。

灰褐色的鳞片与沙质栖息地相似。

小而圆的头。

逃命

游蛇通常隐匿在岩石缝隙之中，所以很难发现它们的踪影。然而，当猎物一出现，比如刚孵化出的小鬣蜥，游蛇便飞快溜出空地，对其围追堵截。它们细长的躯体在沙地上轻盈游走，而蜥蜴不得不飞奔逃命。

鞭状的尾巴。

体表的斑纹与
粗糙的地面融
为一体。

费尔南迪纳游蛇是
世界上唯一一种在岩石
溏中捕鱼的陆地蛇类。

细长的躯干。

猎杀战术

游蛇对人类无害，但在捕捉猎物时却是
专业杀手。首先，游蛇用强有力的颚擒住
可怜的猎物。

游蛇通过尖牙向猎物注入少量毒液，以
阻止其挣扎。然后，这位捕食者将猎物盘
绕，并紧紧箍压，直到猎物停止呼吸。

等到猎物断气后，游蛇松开身体，开
始享用它的美味佳肴。因为游蛇无法撕咬
大块的食物，所以它总是大口一张，对着
猎物的头将其整个吞下。

43

加拉帕戈斯象龟

龟壳的上半部分称为"背甲"。

巨型的象龟是生活在加拉帕戈斯群岛上体型最大、最有名的动物。这些像坦克一样的爬行动物给每一位到访者留下深刻的印象。甚至，整座群岛的名字都与古老的西班牙语单词"乌龟"有关。

人们认为，在300万年前，有一只象龟从南美洲被冲进海里，然后顺着浮木漂流到这里。它们也可能是独自漂浮过来的。从那时起，这个原始的物种演化出许多现已遍布整个群岛的新物种。

用"巨大"一词来形容这种动物非常贴切。你可以轻易将一只宠物龟放在手上，但一只成年的加拉帕戈斯象龟大约有1.5米长，会占据你大部分的床铺。它甚至可能会压坏你的床，因为最大的成年象龟重达250千克，差不多是成年男子体重的3倍。虽然体型庞大，但是象龟与人无害，而且它们移动缓慢。它们走100米的距离需要20分钟。

前腿有五趾。

嘴里没有牙齿，却有锋利的下颚骨。

颈部可以弯曲，把头拉回壳里。

干燥皲裂的皮肤。

一头普通成年象龟的身高为82厘米。

英国女性的平均预期身高为163厘米。

破壳而出的幼龟

一只雌性象龟在松软的地面挖出一个洞后，立马产下大约一打圆圆的网球般大小的蛋。这处蛋巢被太阳烤得暖烘烘的，大约在4个月后，幼龟破壳，然后它们自己从巢穴中钻出来。幼龟宝宝的性别由蛋在巢穴中的位置所决定。在较深、较凉处的蛋孵化出雄性象龟，而在靠近地表较温暖处的蛋则孵出雌性象龟。

壳是由覆盖着角质的骨板构成。

象龟每天大约睡16个小时。

龟壳下面平坦的部分被称为"腹甲"。

后腿有四趾。

古老的生物

象龟是最长寿的陆地动物之一。这种强大的细嚼慢咽的植食动物活到100多岁很正常，而且有记录显示它们活过更长的年纪。有一只名为哈里特的象龟（上图），从加拉帕戈斯被带到了澳大利亚。在2006年死亡时，大约活了176年。当达尔文在1835年造访加拉帕戈斯群岛时，哈里特应该还只是只幼年象龟，尽管达尔文并未踏上过它的故里——圣克鲁斯岛。

龟壳的形状与栖息地

马鞍形的龟壳

圆顶形的龟壳

埃斯潘诺拉岛的象龟拥有特别明显的马鞍形龟壳，而西圣克鲁斯岛象龟背着高高的圆顶形龟壳。

在加拉帕戈斯群岛上，象龟的背甲主要分为两种形状：圆顶形和马鞍形。圆顶形的壳是龟壳典型的形状，而马鞍形的龟壳很像很久以前放在马背上的花式马鞍。

进化改变了龟壳的上半部分即背甲，以适应每个物种生活的栖息地。马鞍形的龟壳方便象龟把头抬得老高，去获取高大植物上的叶片或仙人掌板。而圆顶形龟壳则无法这么做，所以它们将头埋下，去吃低矮的草本植物。

干且高

鞍背象龟生活在低洼的岛屿或气候炎热干燥的地区。那里的植物都是高大的灌木和仙人掌树，所以这种象龟需要具备触及头顶上方食物的能力。

鞍背象龟脖子后方的背甲翻卷起来，这样象龟就可以把头往上伸展。

鞍背象龟有更长的脖子和四肢，可以够着更高大的植物。

岛屿家园

专家们只需看一眼象龟壳的形状就能辨别它们所属的种类。在人类定居者抵达加拉帕戈斯群岛以前,这里共生活着14种象龟,但其中两种现已灭绝。

沃尔夫火山象龟

平塔岛象龟
(已灭绝)

圣地亚哥岛象龟

平松岛象龟

达尔文火山象龟

圣克里斯托巴尔岛象龟

费尔南迪纳岛象龟

东圣克鲁斯岛象龟

阿尔塞多火山象龟

埃斯潘诺拉岛象龟

塞罗·阿祖尔火山象龟

西圣克鲁斯岛象龟

内格拉火山象龟

弗洛里亚纳岛象龟(已灭绝)

人们认为圆顶形象龟更接近最初抵达岛屿的乌龟种类。

低下头

圆顶形背甲的象龟栖息在岛屿葱茏的高地上。那里长年潮湿,低矮的青草、草本植物贴地生长,对这种象龟来说,食物近在咫尺。

圆顶象龟的脖子较短。

47

孤独的乔治

乔治曾经是世界上最有名的乌龟，但它的一生都非常寂寞。它是世界上最后一只平塔岛象龟，至少在40年间，它都是绝无仅有的孤品。早在20世纪50年代，就认为这个物种的象龟已完全被外来的山羊消灭。当时人们把山羊释放在平塔岛上。在与象龟的食物竞争中，山羊击败了象龟，几乎吃掉了所有的灌木和青草。

然而，在1971年时，人们在平塔岛的岩石中发现了还活着的乔治。随后，科学家们在岛上四处搜寻，再也没有找到其他象龟。孤独的乔治没有配偶。当乔治在2012年去世时，平塔岛象龟宣告灭绝。

达尔文岛
沃尔夫岛
平塔岛
伊莎贝拉岛　马切纳岛　赫诺韦萨岛
圣地亚哥岛
费尔南迪纳岛　　　圣克鲁斯岛
弗洛里亚纳岛　　　圣克里斯托巴尔岛
埃斯潘诺拉岛

长长的脖子可以够到高高的灌木。

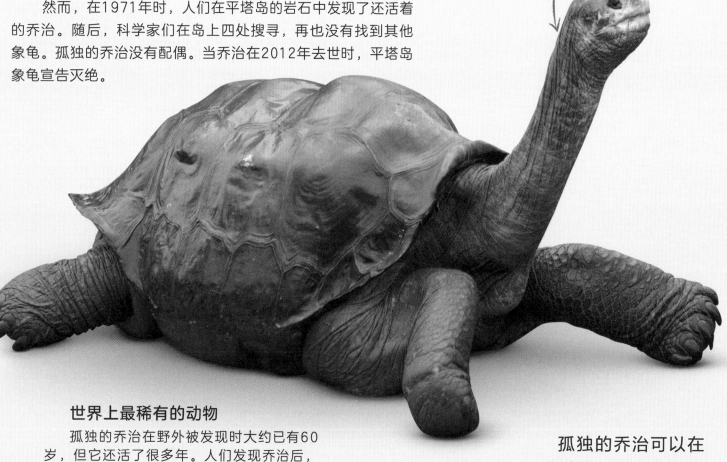

世界上最稀有的动物

孤独的乔治在野外被发现时大约已有60岁，但它还活了很多年。人们发现乔治后，就把它转移到了一处安全的居所。这处新家位于圣克鲁斯岛的查尔斯·达尔文研究中心。在这里，它成为了亟待保护的加拉帕戈斯群岛本地物种的一个全球性的象征。

孤独的乔治可以在没有食物和水的情况下，存活6个月。

爬行动物

48

繁殖的尝试

在研究中心，乔治与几只近亲种类的雌性象龟生活在一起。科学家们希望乔治能与那些雌性象龟交配，繁殖与平塔岛物种相似的杂交象龟。虽然雌性象龟曾产下过几枚蛋，但是没能成功孵化出幼龟。

乔治已经独自生活太长时间了，以至于它需要借助外来的帮助来学习如何与其他象龟相处。

可能的亲属

人们在伊莎贝拉岛的沃尔夫火山坡上，发现了乔治的近亲。平塔岛象龟很可能是在很久以前被水手遗弃在这里的。当时活的象龟作为食物来源，被水手们搬运上船。被丢下的平塔岛象龟与沃尔夫火山象龟杂交繁殖。目前，科学家们正在伊莎贝拉岛上寻找可能还存活的纯种平塔岛象龟。

脱氧核糖核酸（DNA）分子携带着打造一副新躯体的基因信息，或编码指令。

基因技术

乔治死前，它的基因组——全套DNA——已被破译。研究表明乔治与东圣克鲁斯岛象龟共享90％的相似基因。通过研究这些基因，科学家得以更多地了解象龟的生活方式，以及它们长寿的原因。研究的所有信息有助于找到保护群岛幸存的象龟种群的最佳方法。

一只具有平塔岛血统的年轻雌龟。

加拉帕戈斯群岛上大约生活着50种鸟类，其中约半数为群岛所独有。

鸟类

无论你看向何处，从周围的海洋、岩石海岸线到干燥的灌木丛、森林，再到郁郁葱葱的高地山坡，加拉帕戈斯群岛上麇集着各种鸟类。凭借飞行能力，鸟类比其他陆地动物更容易找到通往岛屿的路。而且它们还在持续不断地飞来这里！最近，牛背鹭来到了这里，它们看起来会在这里定居。早在牛背鹭之前就飞抵加拉帕戈斯的鸟儿们，经过进化形成了独立的物种，生活在这些神奇岛屿的每一处角落。

在加拉帕戈斯群岛，一只加拉帕戈斯群岛鵟在伊莎贝拉岛的阿尔塞多火山上方盘旋。

猛禽具有长而宽阔的翅膀。

海鸟具有修长而窄的翅膀。

鸣禽翅膀的尖端呈圆弧形。

鸭子的翅膀可以弯折。

翅膀的形状

鸟类翅膀的形状可以反映出它们如何飞行。长而宽的翅膀适合慢速的翱翔和凌厉的俯冲；长而狭窄的翅膀则适合长距离的滑翔。圆弧形带尖端的翅膀适合伴有急转弯的短距离飞行，而边缘弯曲的翅膀则有利于快速飞行。

鸟 类

加拉帕戈斯群岛是鸟类爱好者的天堂，吸引着世界各地的鸟类爱好者来到太平洋上这些偏远的岛屿，观赏岛上各种各样稀有而独特的鸟类。

头一天，观鸟者可能会惊叹于数目庞大的海鸟群，成千上万只鸣叫的鸟儿汇集在一起。第二天，他们可能会在更远的内陆地区寻找小巧的鸣禽，并目睹它们不可思议的行为。岛上无处不在的鸟儿总是上演着精彩的表演。它们因不惧人类观察者而闻名，但游客也不能与它们靠得太近或去触摸它们。

加拉帕戈斯嘲鸫

群岛上生活着四种嘲鸫种群，它们以小群落聚居在一起。尽管嘲鸫（又名"模仿鸟"）会模仿其他鸟类的叫声而得名，但已知加拉帕戈斯群岛上的嘲鸫并没有这类行为。

美洲火烈鸟

这种大型粉色鸟类多分布在加勒比海地区，但在加拉帕戈斯群岛，这种鸟儿三五成群出现在咸水潟湖中。它们用筛子一样的喙从泥水中滤出食物。

丽色军舰鸟

加拉帕戈斯群岛是太平洋地区为数不多的一处丽色军舰鸟的繁殖地。这种海鸟脚不点地就能连续飞行好几周。它们翱翔于海浪之上，在海面上攫取鱼类，也从其他海鸟口中抢夺食物。

长而深的叉形尾。

钩状的喙用于从其他鸟的口中抢夺鱼类。

雄鸟红色喉囊可吸引配偶。

翼展可以达到2.3米。

在同等体形大小的鸟类中，丽色军舰鸟拥有最轻的骨架。

鸬鹚

这种潜水的涉禽已完全适应在水下捕鱼，以至于它们的翅膀已失去了飞行的能力。这种大鸟在岩石海岸一蹦一跳，为搜寻下一顿大餐，紧盯着水下的动静。

加拉帕戈斯群岛鵟

加拉帕戈斯群岛鵟是群岛上最大的猛禽，可以在各种栖息地上看到它们搜寻猎物的身影。虽然它们仅栖息在一小块陆地上，但加拉帕戈斯群岛鵟的猎食范围极广，从蜈蚣到蛇都是它们食谱上的食物。

大树雀
这种鸟用强有力的弯曲的喙来啄食甲虫等较大的昆虫。

中树雀
相比体形更大的亲戚，这种树雀有着更尖的喙，以便捕食更小的猎物。

小树雀
这种小鸟用它的尖喙来抓取昆虫。同时，它们也吃水果、种子和花蜜。

食物：
以水果为主

食物：
以昆虫为主

有五种达尔文雀在树上安家，它们以树枝上爬行的昆虫和其他无脊椎动物为食。每种雀鸟以不同种类的昆虫为食。

植食树雀
作为少数几种主食叶子的雀鸟之一，这种雀鸟也吃花蕾、花朵和水果。它们有着鹦鹉那般短粗的喙。

三种雀属

科岛雀
这种生活在群岛以北的科科斯岛上的雀鸟，却与加拉帕戈斯雀鸟有关。它们吃水果、花蜜、昆虫和种子。它们长着向下弯曲的喙。

食物：
以叶子为主

食物：
以昆虫为主

加岛莺雀
这是体形最小的一种达尔文雀，这种雀鸟长着纤细的尖喙，用于抓取昆虫。

食物：
以昆虫为主

达尔文雀

尖嘴地雀
这种雀鸟吃各种各样的食物，多包括：昆虫、花、叶和仙人掌的果肉。

　　加拉帕戈斯群岛上有许多种不同的雀鸟。因达尔文对这些鸟儿产生了极大的兴趣，所以它们得名"达尔文雀"。

　　达尔文详细绘制了这些雀鸟不同的鸟喙形状。他希望能弄清这些亲缘关系如此密切的雀鸟为什么会进化出形状不同、大小各异的喙，以及它们如何以不同的生活方式在整座群岛上生存。雀鸟喙作为证据帮助达尔文厘清了他那著名的进化理论。进化论解释了这群雀鸟如何从一群从南美洲飞来的共同的祖先进化而来。很可能在一百万年间，它们进化出许多鸟喙形态各异的不同种群，以适应差异化的饮食结构。

雀鸟祖先
没有人知道这些雀鸟的祖先确切的模样。它们可能类似于今天在南美洲开阔的栖息地，包括在安第斯山脉中，发现的一种吃种子的草雀。

拟树雀鸫

这种食虫目动物有一个长长的喙，会使用工具（右图），它们也吃水果和种子。

学习技能

会使用工具的动物非常聪明。达尔文雀之一的拟鸫树雀便是如此。它们可以用喙衔住一根小细枝将昆虫掏出，特别是藏在树缝中的幼虫。年轻的拟鸫树雀通过观察年长的同类来学习这种技能。

红树林树雀

这种雀只存在于伊莎贝拉岛西北海岸的沼泽森林中。它们用精巧的喙挑出树皮里的昆虫。

地雀属

这些雀在地上寻找从树木上掉落的种子。这种觅食方式是世界上许多雀的典型行为特征。

食物：以种子为主

食物：以昆虫和血液为主

普通仙人掌地雀

这种雀鸟有一个长而尖的喙。它们专食刺梨仙人掌种子，也吃仙人掌花和昆虫。同时，它们还能帮助植物传播花粉。

西班牙岛-大仙人掌地雀

这种雀鸟是普通仙人掌地雀的近亲，具有粗壮的喙，主要以刺梨仙人掌的种子为食。

吸血地雀

这种雀鸟仅存于沃尔夫岛和达尔文岛，它们用锋利的喙啄食巢居的鲣鸟，然后嗜饮它们的血！

小地雀

这种小鸟遍布加拉帕戈斯群岛，它们吃种子、花蕾和水果，还用短而尖的喙来捕捉昆虫。

大地雀

这是体形最大的达尔文雀。它们的大喙适合压碎大颗的种子。它们生活在主要岛屿干燥的低地上。

中地雀

除了种子，这种具有粗壮喙的鸟儿还吃低矮灌木的叶子。

赫诺韦萨地雀

这种尖喙地雀的近亲只生活在赫诺韦萨岛。它们吃昆虫、种子和花朵。

鸟喙的形状与食物的类型

达尔文雀进化出不同形状与大小的喙，来处理不同类型的食物。

主食昆虫

窄而尖的喙工作起来就像一把镊子，适用于擒获快速移动的小昆虫。

杂食

坚实而弯曲的喙可以处理柔软的食物，但也有足够的力量压碎小的种子。

主食种子

这种喙的上半部分与下半部分重叠，能够磕开、捏碎较大的种子。

加拉帕戈斯企鹅

加拉帕戈斯群岛从不吝于给人带来惊喜，所以，企鹅生活在这里也就不足为奇。这些不会飞的水鸟通常出现在白雪皑皑的南极和冰封的南大洋。然而，群岛却进化出了特有的小种群——加拉帕戈斯企鹅（加岛环企鹅）——它们一路游到了这处世界上较温暖的区域。

加拉帕戈斯群岛跨越赤道，这使得岛上的企鹅成为唯一生活在北半球的企鹅物种。而在其他方面，这些企鹅就像它们在南方的表亲。僵硬似鳍的翅膀已对飞行毫无用处，但当它们在水下捕食小鱼时，这鳍状肢却是完美的桨。

小巧却强大

加拉帕戈斯企鹅是世界上第二小的企鹅，身高约50厘米。不同于其他企鹅大规模群聚在一起，这些小企鹅三三两两出现在岩石海岸边，外出玩耍。

上喙为黑色，但下喙的底部为橙黄色，偶尔会带一点粉红。

在炎热的土地上

加拉帕戈斯企鹅天生为长时间待在冷水中游泳而生，当它们待在干燥的岩石海岸时，可能会感到焦躁不安。但是，这些鸟儿可以躲到地下凉爽的熔岩通道和其他角落里，并在那里筑巢繁衍，哺育后代。

在寒冷的水域

加拉帕戈斯企鹅具有光滑的如鱼雷般的躯体，几乎以水为家。它们富有光泽的防水羽毛可以锁住气泡保持体温，也像一件救生衣帮助它们漂浮在水里。尽管如此，加拉帕戈斯企鹅不像其他企鹅那样会在海上停留数月之久，它们很少远离陆地。在离海岸几百米范围内，这些热带鸟儿就能找到所需的美味的鱼类，并在每晚返回陆地休息。

这种企鹅背部的羽毛为黑色，而腹部的羽毛为白色。

看看它们在哪里

这些企鹅主要分布在群岛的西侧，那里的水要凉爽得多。

达尔文岛
沃尔夫岛
平塔岛
伊莎贝拉岛　马切纳岛　赫诺韦萨岛
圣地亚哥岛
圣克鲁斯岛
费尔南迪纳岛
弗洛里亚纳岛　圣克里斯托巴尔岛
埃斯潘诺拉岛

遭受威胁

加拉帕戈斯企鹅的数量会随着食物供应的变化而规律性地增长或减少。在"厄尔尼诺"期间，周围的食物减少导致许多企鹅饿死。随后这些企鹅的数量又将缓慢回升。加拉帕戈斯企鹅每年产两枚蛋，但往往只有一只雏鸟能存活下来。此外，合适的筑巢地也非常紧缺。现在，动物保护者用火山岩为这些企鹅人工搭建新的庇护所，这有助于增加企鹅种群的数量。

波纹信天翁（加岛信天翁）

硕大的波纹信天翁是造访加拉帕戈斯群岛最大的鸟类之一。一年中的大部分时间它们都在远海漂泊，它们伸展着宽大的翅膀，可以毫不费力地连续滑翔好几周。它们以鱼和乌贼为食，会俯冲到水面上，用它那长长的、锋利的喙攫取食物。

燕尾鸥

每当夜幕降临，其他海鸥陆续返回陆地时，这种不寻常的鸟儿却正准备踏上狩猎之旅。这种加拉帕戈斯海鸥是世界上唯一一种在夜间进食的海鸥。天黑后，它们捕食浮上海面觅食的鱿鱼与小鱼。

一只成年波纹信天翁的体重只有3千克左右，但它的翼展可达2.5米。

海 鸟

加拉帕戈斯群岛方圆数百千米都是海洋，对于在海上航行数日甚至数周的海鸟来说，这里是一处急需的停靠点。

这些海鸟可能只是途经路过。而另外一些海鸟，如波纹信天翁，则是为了繁衍后代迁徙回到这里。还有一些海鸟一年四季都生活在岛上。这当中有一些鸟儿，如燕尾鸥和加拉帕戈斯海燕，是群岛所特有的。动物保护者正致力于保护这些海鸟在岛上的繁殖地，确保在未来的许多年里，这些珍稀的鸟类还会重返加拉帕戈斯群岛。

繁殖地

每年三月，数以千计的波纹信天翁陆续飞回加拉帕戈斯南部的埃斯潘诺拉岛。埃斯潘诺拉岛和离厄瓜多尔大陆更近的拉普拉塔岛，是这些大鸟在地球上仅有的两处繁殖地。每年，每对繁殖期的波纹信天翁夫妇只产一枚蛋。

白臀洋海燕

人们经常看到白臀洋海燕在加拉帕戈斯群岛周围飞行，但它们神秘莫测，因为还没有人发现它们筑巢的场所。

飞行时，长腿垂于下后方。

暗腰圆尾鹱

雨季时，这种海鸟在较大岛屿上茂密的高地丛林中繁殖。它们将巢筑在洞穴里。遗憾的是，由于入侵的老鼠吃掉它们的蛋和雏鸟，暗腰圆尾鹱正濒临灭绝。

红嘴鹲（红嘴热带鸟）

红嘴鹲非常适合在空中飞行——它们经常在远离陆地的海洋上徘徊。它们的双脚羸弱无力，以至于只能在陆地上曳足而行——所以它们直接从高台或壁架上坠落助飞，使自己更容易飞起来。

尾流长50厘米——与鸟儿身体剩余的长度一样长。

喉囊不使用时，就收起来了。

两次捕鱼行动之间，需要晾晒翅膀。

褐鹈鹕

这种大型的捕鱼者不会远离海岸飞行。相反，它们只会在浅水区扑振着翅膀去寻鱼。一旦锁定某个猎物，鹈鹕便跳入水中，用喙下的大皮囊将鱼舀起。被吞食的鱼儿在鹈鹕的喉囊中拼命挣扎的画面看上去可能不太雅观，但鹈鹕这种捕猎技术非常有效！

大口一张

褐鹈鹕的喉囊连水带鱼一口猛兜。然后它将喉囊中多余的水分排出，再将食物一口吞下。

岩石地形上的鸥鹭

加拉帕戈斯群岛大部分海岸线都被深灰色的岩石所覆盖。这些岩石由多年前从火山喷涌而出的熔岩所形成。

数种加拉帕戈斯鸟类已设法找到在这种栖息地上的生存与筑巢之道。加岛绿鹭单调的羽毛有助于它们在黑灰色的熔岩上掩藏自己。

海岸线上的螃蟹猎手

加岛绿鹭只生活在加拉帕戈斯群岛，与其他大多数鹭鸟不同的是，它们不仅在水中捕食，还会在岸上寻找食物。它们常悄悄尾随那些在暗黑岩石上乱窜的滨蟹。

长而结实的喙用于攫取猎物。

蓝灰色的飞羽泛着绿色和紫色的光泽。

加岛绿鹭

这种小型涉禽生活在潟湖周围和红树林的黑岩石上。它们密切注视着鱼和其他生物在水中的一举一动，再趟入水中捕捉它们。加岛绿鹭大多长着单调的蓝灰色羽毛，其颜色与熔岩家园的颜色相近。它们在水岸边安静的灌木丛中筑巢。每到繁殖季节，雄性加岛绿鹭就会变化出明亮的橙黄色的长腿，来向雌鸟炫耀。

裸露的熔岩。

孤零零的筑巢者

熔岩鸥主要在沙滩上或干草中筑巢。它们是孤独的筑巢者，彼此的巢通常间隔100米远。熔岩鸥深色的蛋带有斑点，巧妙地与周围环境融为一体。

亮红色的眼眶镶嵌着一圈白色的眉毛。

黑色的喙。

羽毛呈现好几种深浅不一的灰色。

深灰的羽毛与深色岩石融为一体。

熔岩鸥

世界上大概仅有800只熔岩鸥，它们全都生活在加拉帕戈斯群岛。这使得这种海鸟成为地球上最稀有的鸥科鸟类。熔岩鸥不会飞到很远的海上去觅食。它们通常在熔岩平原上以捡拾零星的食物为生，或从岩石上抓取小蜥蜴，或从岩石溏中抓小鱼。而且，它们还会窃夺食物！

窃贼！

有时候，熔岩鸥并不需要亲自觅食，因为它们会从其他觅食归来的海鸟那里盗取食物。这些熔岩鸥甚至会在半空中打劫其他鸟类！它们还会偷袭其他鸟儿的巢穴，洗劫鸟蛋和小雏鸟。

加拉帕戈斯群岛鵟

这种俊美的鵟是加拉帕戈斯群岛所独有的，在那里生活的最大型的猛禽。它们是大多数岛屿上的顶级掠食者，在它们的猛烈攻击下，没有其他陆地动物能够幸免于难。

这种聪明的鵟会根据猎食对象的不同来调整狩猎策略。例如在年中时候，加拉帕戈斯群岛鵟会汇聚在费尔南迪纳岛巨大的拉·昆布雷火山口上方，搜寻刚破壳而出的陆鬣蜥幼崽。当这些幼崽奋力从沙地巢穴中爬出时，加拉帕戈斯群岛鵟立马倾巢出动，争抢这些可口的美味。尽管拥有出色的狩猎技能，但加拉帕戈斯群岛鵟依然十分脆弱，在野外，这种大型猛禽仅剩300只左右。

目光锐利

如同世界上其他鵟一样，加拉帕戈斯群岛鵟为了搜寻地面的猎物，常在高空盘旋。当看到一个可能的猎物时，这种猛禽就俯冲而下，扑向猎杀对象，狠狠踩在受害者身上，并用钩状的喙撕咬并吃掉猎物。

鵟的食物

加拉帕戈斯群岛鵟并非挑剔的食客。它们捕食各种动物，比如：蝗虫、大蜈蚣、象龟幼崽、加拉帕戈斯游蛇和加拉帕戈斯稻大鼠。

加拉帕戈斯大蜈蚣

这种骇人的蜈蚣有30厘米长，拥有威力强大的毒液，但在突袭中，它却不是鵟的对手。

大型彩蝗

大雨过后，这种艳丽的大蝗虫大肆"泛滥"。

成年鵟的翼展约为1.2米。

羽翼上宽大的覆羽使其缓慢、可控地飞行。

达尔文岛
沃尔夫岛
平塔岛
伊莎贝拉岛
马切纳岛
赫诺韦萨岛
圣地亚哥岛
圣克鲁斯岛
费尔南迪纳岛
弗洛里亚纳岛
圣克里斯托巴尔岛
埃斯潘诺拉岛

看看它们在哪里

整个群岛随处可见加拉帕戈斯群岛鵟的身影，但它们已在圣克里斯托巴尔岛在内的几座岛屿上灭绝了。

空袭

虽然鵟主要攻击地面上的猎物，但它们也会在空中攫取飞鸟。加岛哀鸽是鵟在空中袭击的主要对象之一。

猫头鹰的对手

加拉帕戈斯群岛鵟已经被人类赶出了圣克里斯托巴尔岛和弗洛里亚纳岛。在这些岛屿上，鵟作为顶级掠食者的工作已被短耳鸮所取代。短耳鸮通常在夜间猎食，但因周围没有鵟与之竞争，所以，它们现在也会在白天外出觅食。

加拉帕戈斯游蛇

加拉帕戈斯群岛鵟会先咬掉蛇的头，以防被它们反咬一口，用毒液还击。

刚孵化出的象龟幼崽

加拉帕戈斯群岛鵟会抢夺刚破壳而出的象龟幼崽。

加拉帕戈斯稻大鼠

加拉帕戈斯群岛鵟还会猎食这种本土的哺乳动物，还有被人类带到岛上的啮齿类动物。

蓝脚鲣鸟

加拉帕戈斯群岛以这种善于潜水的大型海鸟而闻名，它们有着鲜艳的脚丫和尖锐的喙。鲣鸟是塘鹅的远亲，这个滑稽的名字来自西班牙语"bobo"，意为"小丑或愚蠢的"。

这些蓝脚鲣鸟可能因为它们着陆时笨拙的模样而得名。它们擅长飞行，在地面上却不那么灵活。另一个原因是，这些鸟非常温顺，从不怕人。它们有时会降落在远离陆地的船只的甲板上。在帆船时代，饥肠辘辘的船员们把这种鸟儿作为食物来捕捉。水手们认为这些鸟儿太愚蠢无知了，从来不会远离危险。

气囊保护

鲣鸟的脸颊内有可挤压的气囊，这使得它们的头部很宽。在捕猎时，当它们头朝下急速坠入海中时，这些气囊帮助缓解入水时的冲击。

带蹼的大脚利于在水下游泳。

潜水轰炸

蓝脚鲣鸟在深水中捕鱼。它们在海面的高空寻找猎物，一旦锁定目标，就一头猛扎进水里。如果第一次没有击中目标，它们还会继续在水中追击猎物。

求偶舞蹈

蓝脚鲣鸟在一年中的任何时候都会交配，但通常发生在周围食物供应充足，足以养育雏鸟的时候。繁殖开始于一场精心设计的求偶舞蹈——又一项名副其实如小丑一般滑稽的行为。

原地踏步

求偶舞从雄鸟开始，它在原地踏步，先抬起一只蹼掌，再抬起另一只，循环反复，向雌鸟表示"他既不错又健康"。

俯首鞠躬

接下来雄鸟俯下头，弯着它长长的灵活的脖子，把又长又尖的喙压在胸前。

雄鸟眼中的瞳孔
比雌鸟的小。

三个物种

在加拉帕戈斯群岛上有三种鲣鸟。其中，蓝脚鲣鸟最为常见，它们把巢筑在熔岩海岸线上的许多地方。世界上大约三分之一的蓝脚鲣鸟都生活在这里。另外两种鲣鸟，红脚鲣鸟和纳斯卡鲣鸟并不常见，但也在一些岛屿上筑巢。

雌雄成鸟的双脚都
为亮蓝色。

脚 掌

蓝脚鲣鸟脚上的蓝色源自它们所吃的沙丁鱼中的化学物质。一只健康的鲣鸟拥有一对非常明亮的蓝色脚丫。

其他两种鲣鸟

红脚鲣鸟

群岛上体型最小的鲣鸟，会飞离陆地，在水底海山上方鱼类丰富的深海水域觅食。这种红脚鲣鸟在树上筑巢。

纳斯卡鲣鸟（橙嘴鲣鸟）

这是群岛中体形最大的鲣鸟。它们长着橙色的喙和灰色的脚。与红脚表亲一样，它们也会飞到远离陆地的海洋捕食。

赠送礼物

接着，雄鸟拾起一截小木棍或一块小石子，献给它的配偶。雌鸟用嘴衔过礼物，然后把礼物放在地上。

指天誓日

这时，雄鸟表演"指天誓日"的舞蹈动作。它的喙直指天空，同时展开双翅，并发出响亮的鸣唱。

雌鸟加入

雌鸟加入舞蹈。交配完成后，雌鸟会产下两三枚蛋。在蛋孵化以前，这对夫妇会用它们的脚掌为蛋保暖。

丧失飞行的能力

就像其他种类的鸬鹚一样，弱翅鸬鹚的祖先能够飞行，它们通过飞行迁徙到加拉帕戈斯群岛。抵达这里后，这些鸟越来越少地使用它们的翅膀。在这些没有掠食者的岛屿上，它们已没有飞离危险的必要。对于这些拥有最短小翅膀的鸬鹚而言，在水下猎食最容易。所以，这个物种逐渐进化出严重发育不良的翅膀，直至这种鸟完全丧失飞行能力。

明蓝色的眼睛。

长长的可伸缩的脖颈。

强壮的喙用于抓取食物。

残破的羽翼太过短小而无法飞行。

体形大而壮，适合在水中游泳。

弱翅鸬鹚

这种大型的以鱼为食的游禽，为加拉帕戈斯群岛的独特之处又增添了一个令人惊叹的理由。

顾名思义，弱翅鸬鹚（又名"不会飞的鸬鹚"）这种鸟儿不会飞行。群岛上没有弱翅鸬鹚需要躲避的天敌，所以，它们没有飞升逃离的必要。弱翅鸬鹚也不需要扑腾着翅膀去觅食，相反，它们只会潜入水底深处寻找食物，主要觅食鱼类和章鱼。因此，进化使它们的翅膀变得短小，并且毫无用处。

蹼足。

晾干自己

尽管鸬鹚是一种水禽，但它们的羽毛并不怎么防水。一场猎捕之后，鸬鹚连蹦带跳上了岸，张开残破短小的翅膀，开始在阳光下晾晒羽毛。

加拉帕戈斯群岛上的弱翅鸬鹚是世界上最重的鸬鹚。

一对繁殖中的鸬鹚跳着喜结连理的舞蹈，交颈依偎在一起。然后，它们用海草在岸边筑巢。

通常，雌鸟一窝产下三枚蛋，夫妻轮流孵化为其保暖。它们大约花35天的时间来孵化鸟蛋。

在水下

大多数鸟类都拥有大块的胸肌，为翅膀提供动力。然而，弱翅鸬鹚的大块肌肉却下移到了腿部，在深潜时就变成了强劲的助推器。这种鸬鹚的下半身很沉，以至于它们在水面游泳时，只有长蛇般的脖子和头伸出水面。

几个月后，如果海里的食物依旧充裕，雌鸟就会抛弃雄鸟，终止抚养存活下来的雏鸟。然后，她将另寻伴侣，再繁衍后代。

脚 掌

鸬鹚有四个脚趾，脚趾之间由一层厚蹼相连。在水下，这种蹼足就变成一支短桨。

"鸟岛"

赫诺韦萨岛是加拉帕戈斯群岛东北部的一座小岛。该岛以数目庞大的鸟群而闻名，因此，获得"鸟岛"的绰号。

这座马蹄形的岛屿有一处崖壁陡峭的大海湾和长长的海滩。在内陆，有熔岩平原、高地和一个小的火山口湖。岛上丰富多样的栖息环境养育着各种各样的海鸟、涉禽和陆地鸟类。一些鸟类是岛上的留鸟，而另一些海鸟为了在岛上进行繁殖活动而迁徙回到这里。

红嘴鹲

波纹信天翁

加岛短耳鸮

纳斯卡鲣鸟

白腹舰海燕

加岛叉尾海燕

丽色军舰鸟

大角星湖

达尔文海滩

达尔文湾

菲利普亲王
的台阶

菲利普亲王的台阶
这些陡峭的岩石台阶穿过一处海鸟聚集地的中心地带，逶迤通向达尔文湾的东部岬角。在这里可以看到各种各样的海鸟，包括红嘴鹲、风暴海燕和军舰鸟等。

大角星湖

这处咸水火山湖位于赫诺韦萨岛的顶部，直径约500米，深30米。海鬣蜥有时会从海岸线爬到湖中觅食。稀有的达尔文雀种生活在湖四周的灌木丛中。岛屿高地也是加岛南美田鸡栖息的家园。这种小型鸟类在地面上活动，以种子和昆虫为食。

看看它们在哪里

"鸟岛"的正式名称是赫诺韦萨岛。该岛是加拉帕戈斯群岛中一座遥远的离岛。

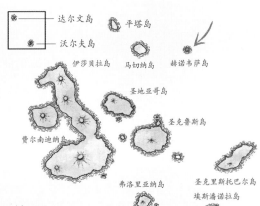

达尔文岛
沃尔夫岛
平塔岛
伊莎贝拉岛
马切纳岛
赫诺韦萨岛
圣地亚哥岛
贵尔南迪纳岛
圣克鲁斯岛
弗洛里亚纳岛
圣克里斯托巴尔岛
埃斯潘诺拉岛

弗氏鸥
加拉帕戈斯海狗
半蹼鸻
厚嘴鸻
加岛哀鸽
黄顶夜鹭
加岛褐鹈鹕
加拉帕戈斯企鹅
白顶玄燕鸥
加岛绿鹭
美洲小滨鹬
红脚鲣鸟
黑翅长脚鹬
黄林莺

达尔文湾

尽管达尔文从未踏足过赫诺韦萨岛，但岛上这处大海湾还是以他的名字命名。这处受到庇护的海湾是鲨鱼、海龟等海洋动物的天堂。坐落在海湾高处的珊瑚沙滩被称为"达尔文海滩"，是海豹和海狮最爱的休息区。绵长的海岸线是观赏涉禽和海鸥的好地方。大多数时候，游客都会造访这处海滩，但通常不会逗留太长时间。鸟岛也不允许人类居住。

保护鸣禽

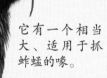

圣岛朱红霸鹟雄鸟

在加拉帕戈斯群岛上，超过20种栖息的鸟类正面临灭绝的严重危险，其中几乎包括了所有只存在于这处群岛的物种。

许多生活在群岛陆地上不同栖息地的小型鸣禽都处于濒危的境地。这些物种包括一些加拉帕戈斯嘲鸫和大部分达尔文雀。每种鸟都面临一系列独特的威胁，所以，保护工作者必须为每一种鸟定制一份生存计划。这些计划涵盖了反击入侵物种或非本地物种，与当地居民合作来保护鸟类栖息地等内容。

已灭绝的鸣禽

圣克里斯托巴尔岛朱红霸鹟，是一种只有10厘米长的小型鸣禽，于2016年宣告灭绝。栖息地的丧失很可能是导致这种色彩艳丽的食虫鸟灭绝的原因。随着朱红霸鹟的家园被人类清除开辟成农田和房屋，这种鸟类的食物——昆虫，也逐渐消失，于是再也没有足够的食物维系它们的生存。

回归家园

自1888年以来，弗洛里亚纳岛就已不见查尔斯嘲鸫的踪迹，它们被定居者引入的老鼠和猫消灭干净。现在，人们正制定计划，打算将残存在弗洛里亚纳岛的两座小卫星岛——冠军岛和加德纳岛上的查尔斯嘲鸫重新引入该岛。

外来物种

1970年，岛上的农民将滑嘴犀鹃带到了这里，希望它们可以帮忙解决滋扰自家牛群的牛蜱问题。可惜，这种鸟儿并不吃蜱虫，它们只以昆虫为食。从此，这种犀鹃属的鸟类在群岛上繁衍开来。本地鸟类为此付出代价，不得不与滑嘴犀鹃争抢食物。

它有一个相当大、适用于抓蚱蜢的喙。

牛蜱

弗洛里亚纳嘲鸫

入侵的昆虫

在加拉帕戈斯群岛，许多濒临灭绝的鸟类正遭受嗜血的吸血蝇的攻击！这种寄生蝇很可能是在20世纪60年代通过进口水果引入岛上的。这种果蝇的幼虫会嗜杀鸟类的幼雏，导致好几种鸟类变得稀有。人们发现这种果蝇还会攻击岛上唯一的一种燕子——加岛崖燕。

番石榴叶中含有一种天然的驱虫剂。

加岛崖燕

吸血蝇

中地雀

驱虫剂

一些达尔文雀鸟，包括加岛莺雀，会用番石榴树叶擦拭它们的羽毛。树叶中的化学物质可以帮助它们抵御吸血蝇的侵扰。保护工作者们也会为鸣禽提供涂有杀虫剂的棉絮。鸟儿们喜欢在巢穴中使用一些棉絮，帮助保护雏鸟免受有害果蝇的侵害。

加岛莺雀

加岛番石榴也被当地人亲切地称为"guayabillo"。

繁殖计划

红树林树雀是加拉帕戈斯群岛最稀有的鸟类之一，目前仅剩20—40只。国际自然保护联盟（IUCN）在2021年对其数量进行了评估，并得出红树林树雀鸟属于极度濒危物种的结论。在一项国际合作中，保护工作者一直在繁殖这些雀鸟，以防这一物种灭绝。起初，这项工作是在实验室里圈养条件下进行的，但现在也在野外开展。

达尔文岛和沃尔夫岛孤悬在群岛西北端，岛屿周围那片海域里的鲨鱼比地球上其他任何地方都多。

海洋生物

加拉帕戈斯群岛周围的海洋中充溢着大量野生动物。尽管这些岛屿是一些非比寻常的陆地动物的家园，但还有非常非常多的海洋动物，或者说远洋动物，生活在群岛附近寒冷的水域。这些海洋生物包括：庞大的鱼群、凶猛的鲨鱼和世界上最大的动物——鲸，等等。从这片区域的海床上可以窥见岛屿的火山性质。超高温的富含矿物质的水柱从喷口涌出，为栖息在昏暗深海中的生命创造了一处欣欣向荣的栖息地。

加拉帕戈斯鲨鱼、丝鲨和侧条真鲨围剿鱼群。

巨型管虫

这些管虫生活在海底的热泉喷口周围。这些蠕虫从居住在它们体内的细菌中获取所有营养。细菌能将水中的化学物质转化为食物。

加拉帕戈斯鲨鱼

加拉帕戈斯群岛附近的水域中，有着品种繁多的鲨鱼，其中包括捕食鱼类和章鱼的加拉帕戈斯鲨鱼。

海洋生物

带尖角的胸鳍适合游泳。

迄今为止，加拉帕戈斯群岛周围的水域中已发现近3000种海洋动物。品种繁多的海洋生物既包括地球上有史以来最大的动物——蓝鲸，也包括青柠色、有如乒乓球大小的海胆。

加拉帕戈斯群岛周围的水域生机盎然，因为洋流从深海为动物们带来了赖以生存的营养物质。大多数时候，充足的食物萦绕在这片寒冷清澈的海域。然而，在更深处的海底，那里栖息着截然不同的生命群落。它们围绕在从海底喷涌而出，富含化学物质的超高温水柱的周围。即使在深海以下，加拉帕戈斯群岛依旧是最特别的存在。

魔鬼鱼

这种巨型的鳐鱼通过上下摆动翼状鳍四处游弋，就像在水中飞翔一样。这种如巨兽般的鱼重达3吨，却于人无害。

海洋生物

红唇蝙蝠鱼（达氏蝙蝠鱼）

这种嘟嘴的鱼广泛分布在加拉帕戈斯的沿岸水域。它们靠像腿一样的鳍"行走"，巡游在沙质海床上的小片区域。

加拉帕戈斯海狮

这种小型海狮只生活在加拉帕戈斯群岛，几乎在家门口就能捕鱼吃。吃饱喝足后，海狮们上岸歇息，它们在安静的海滩，甚至在繁忙的街道上打盹。

海洋中的海藻

群岛沿岸的海藻适应了海底不同栖息地的生活。海带生长在海浪拍岸、波涛汹涌的水域。海带在深海中直立漂浮，因此叶片摆动可以在流动的水中尽可能捕捉到更多的光。海带需要这些光制造自己的营养物质。相比之下，海莴苣要小得多。在阳光充足且平静清澈的水域，海莴苣蔓延整片海床。海莴苣生长在更靠近陆地的地方，在潮间带的岩石上和岩池中。

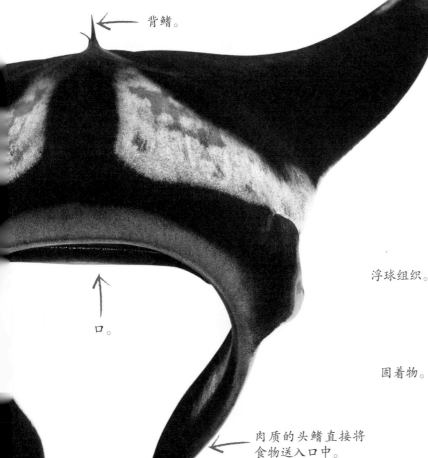

背鳍。

口。

肉质的头鳍直接将食物送入口中。

藻体。

浮球组织。

固着物。

柄（茎）。

绿色有褶皱的藻体。

固着物。

海 带

海带可以形成水下森林，为海洋生物提供庇护。

海莴苣

多种不同的海洋动物都以海莴苣为食。

海狮和海狗

加拉帕戈斯海狗

作为海狮的近亲，这种体型较小的加拉帕戈斯物种有着更长的毛发和更大的耳朵。它们在夜间狩猎，在水面附近捕食小鱼和鱿鱼。

在加拉帕戈斯群岛海岸附近，许多沙质海湾和安静的海滩上，挤满了打瞌睡的海狮群。

出海捕鱼后，海狮拖曳着身子左摇右晃爬上岸休息。加拉帕戈斯海狮是群岛上最大的动物，体型大的雄性海狮身长可达2.5米，重达250千克。加拉帕戈斯海狗也在这里，它们的体型大约只有海狮的一半。

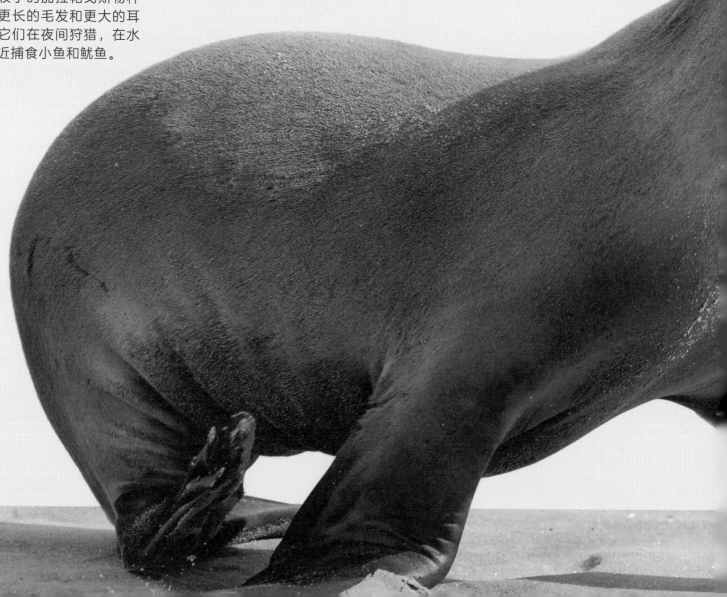

加拉帕戈斯海狮

这种海狮会花费好几天时间出海追踪沙丁鱼群。在岸上，海狮用像脚蹼一样的四肢行走。这不同于真海豹（或叫"无耳海豹"）在陆地上行动的方式。海豹的鳍肢要短得多，靠扭动身体四处走动。

小小的外耳。

大大的眼睛。

灵敏的鼻子。

长长的胡须。

捕 食

海狮在水中非常灵活。它们在水下比在岸上看得更清楚，灵敏的胡须能感应到附近的游鱼所产生的水波。这使得海狮能够在黑暗中寻找和捕捉猎物。

威 胁

海狮需要随时对饥饿的鲨鱼和虎鲸保持警惕。然而，"厄尔尼诺"才是它们最大的威胁。在这种每隔几年发生一次的气候变化中，海洋逐渐变暖，导致加拉帕戈斯群岛周围海洋中的鱼类数量锐减。由于缺乏足够食物，大量的海狮，尤其是年轻的海狮便因饥饿而死亡。

大大的鳍肢。

海狮在靠近海岸的地方寻找食物，以免被鲨鱼或虎鲸猎杀。

沙滩霸主

在繁殖季期间，体型最大的雄性海狮们把所有的时间都耗费在守卫沙滩领地上。这些雄性海狮被称为"沙滩霸主"，它们会攻击进入领地的其他雄性，但会与那片海滩上的雌性海狮交配，这些雌性海狮之后会负责抚育它们的后代。

抹香鲸

作为地球上体型最庞大的齿鲸，抹香鲸常年在岛屿附近出没。它们潜入深海，捕捉海下的巨乌贼。

真海豚

有时，这些中等体型的海豚会成群结队，数以百计地巡游。它们经常在海山之上聚集和捕食，海山是隐藏在海浪之下的海底山丘。

蓝 鲸

重达150吨，蓝鲸既是世界上最大的鲸类，也是现存最大的动物。这位海洋中的"巨无霸"经常光顾这里，在岛屿附近大口大口吞食美味的磷虾和其他小型甲壳动物。

宽吻海豚

这种大型海豚经常靠近海岸，是岛上最容易看到的鲸类。它们也喜欢跟随航行的船只，追逐船尾的水流。

条纹原海豚

比加拉帕戈斯其他海豚颜色深，条纹原海豚大部分时间都在远海。它们的背部和侧面有黑色和灰色的条纹图案，腹部为奶白色或粉红色。

鲸与海豚

鲸和海豚都属于海洋哺乳动物中的鲸目动物。有24种不同的鲸目动物或生活在加拉帕戈斯群岛周围，或造访群岛附近的水域。

其中一些种类，包括虎鲸和真海豚，全年都在群岛周围活动，也许它们在此度过一生。然而，大多数的鲸和海豚只是匆匆来访，通过群岛间宽阔的海峡去往别处。最大的鲸类——蓝鲸就是这样一位访客。

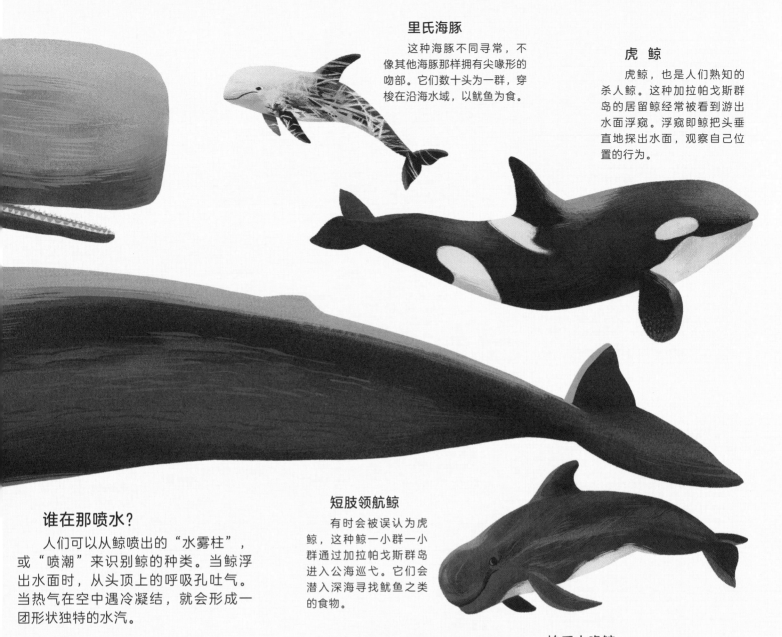

里氏海豚

这种海豚不同寻常，不像其他海豚那样拥有尖喙形的吻部。它们数十头为一群，穿梭在沿海水域，以鱿鱼为食。

虎鲸

虎鲸，也是人们熟知的杀人鲸。这种加拉帕戈斯群岛的居留鲸经常被看到游出水面浮窥。浮窥即鲸把头垂直地探出水面，观察自己位置的行为。

短肢领航鲸

有时会被误认为虎鲸，这种鲸一小群一小群通过加拉帕戈斯群岛进入公海巡弋。它们会潜入深海寻找鱿鱼之类的食物。

柏氏中喙鲸

这种鲸是偶尔光临群岛的游客，它们看起来像大型海豚，但实际上与海豚没有密切的关系。

谁在那喷水？

人们可以从鲸喷出的"水雾柱"，或"喷潮"来识别鲸的种类。当鲸浮出水面时，从头顶上的呼吸孔吐气。当热气在空中遇冷凝结，就会形成一团形状独特的水汽。

蓝鲸喷水

在很远的地方就可以瞧见这个庞然大物喷出高度可达6米、气球状的水雾柱。

抹香鲸喷水

这种鲸会喷出约3米高向前倾斜的水雾柱。

虎鲸喷水

这种鲸紧贴水面喷出一道圆形灌木丛状的水雾柱。

回声定位

海豚和其他齿鲸采用一种名为"回声定位"的声呐系统来狩猎和定位巡航。它们发出高频的咔嗒声，声波触及海底和其他动物而产生回声。这些回声被海豚的下颚，而非它们的耳朵所接收。它们利用回声中的信息绘制周围水域的图像。

海滩上的巢穴

像所有爬行动物一样，海龟也需要呼吸空气。因此，它们必须将蛋产在没有水的地方，这样，在蛋里发育的幼崽才不会被淹死。雌海龟将自己拖出海面来到沙滩上，在沙地上寻得一处巢穴地，挖一个深洞开始产蛋。当蛋成功孵化，新生的小海龟破壳而出，沿着海滩向海面狂奔。雄海龟一生都待在海水里。但是，成年后的雌海龟会重返它们出生的那片海滩，在那里产卵，生命就这样循环往复。

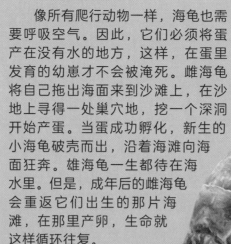

海龟壳的上半部分称为"背甲"。

喙状的吻用来切割食物。

海 龟

加拉帕戈斯群岛周围波光粼粼、清澈见底的水域吸引着不同种类的海龟不远万里漫游而来。其中，最常见的是绿海龟，群岛有自己的亚种——加拉帕戈斯绿海龟，这里是它们唯一的繁殖地。

绿海龟大部分时间都待在浅水区，如岛屿沿岸的泻湖。它们因龟壳下的体脂呈淡绿的颜色而得名。它们曾经被人类广泛食用，但如今在大部分地区都受到保护。绿海龟是在陆地上生活的象龟的远亲，但它们已经完全适应了在水中生活。海龟壳上下两部分形成了一件光滑的潜水服，蹼状的前肢在水中推动它们滑行。

绿海龟可以长达
1.5米长。

海龟壳的下部
为黄色，称
为"腹甲"。

杂食性

加拉帕戈斯绿海龟在成长过程中，会改变它们的饮食结构。小海龟大多是食肉的，捕食螃蟹、水母和其他小型海洋动物。等到成年后，海龟就转变为食草性，主要以海草和海藻为食。

偶尔的访客

世界上共有7种海龟。除了在那儿常驻的绿海龟以外，还有另外3种偶尔造访加拉帕戈斯群岛的游客。据我们所知，这些游客中没有一种会在加拉帕戈斯群岛繁殖。

玳瑁

这种海龟比绿海龟小一些，主要以海绵为食。玳瑁因它们美丽的甲壳而遭到人类的猎杀，导致它们现在十分稀少。

棱皮龟

这是体型最庞大的海龟，甚至比象龟还大。棱皮龟体长2米，前鳍伸展时更长。它们是专业的水母猎手。

太平洋丽龟

体型约为绿海龟的一半，这种橄榄色的海龟主要以鱼、贝类和其他小型动物为食。

莎莉轻脚蟹

这种颜色艳丽的螃蟹在加拉帕戈斯群岛崎岖不平的海岸线上窜来窜去，是岛上一道常见的风景线。这种可以长到20厘米宽的大螃蟹，几乎什么都吃，所以它们遍布群岛，逍遥自在，随处可见。

与其他螃蟹一样，莎莉轻脚蟹也用鳃呼吸。这种螃蟹的鳃很特别，在空气中依然可以工作。只要保持湿润，它们的鳃既能在空气中运作，也能在水中运作。这使得这些引人注目的螃蟹能够在岸边的石块上花很长时间寻找食物。

背甲为明亮的黄色和橙色。

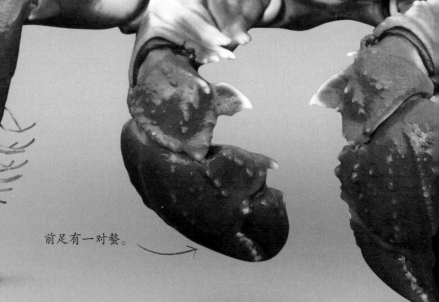

前足有一对螯。

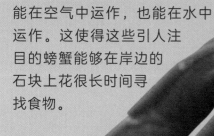

变得更艳丽

很难抓到这种脚步轻盈、行动敏捷的螃蟹，所以，它们从不逃离人们的视线——成年莎莉轻脚蟹身上红色、黄色和蓝色斑点使它们异常显眼。但是，一只年幼的莎莉轻脚蟹必须小心翼翼。从卵中孵化而出后，螃蟹幼体在水中游动，靠吃浮游生物长大。当它们长到可以沉底时，小螃蟹就会爬回陆地。它们全身深黑，布满红色斑点，这让它们与岩石融为一体。为了长得更大，莎莉轻脚蟹必须退去它们那坚硬的外壳。每次小莎莉轻脚蟹蜕皮时，下面的新壳就会更艳丽一些。

水上漂？

　　莎莉轻脚蟹，这个名字的由来多少有些令人费解。不过最好的解释认为，当这些螃蟹在浅滩上乱窜时，看起来像在水上行走。它们"步履轻盈"，动作灵活。

四对后足用于行走。

母蟹会携着卵到处活动，直到孵出小螃蟹。

同类相食的螃蟹

　　莎莉轻脚蟹什么都吃，上到海鬣蜥表皮剥下的虱子，下到海狮的胎盘。如果没有其他可吃的食物，它们就会同类相残，吃掉对方。螃蟹幼崽的伪装有助于保护它们免遭大螃蟹的伤害。

超能力

　　莎莉轻脚蟹深藏着一系列令人惊讶的技能，令它们在加拉帕戈斯群岛的生存如鱼得水。

健步如飞

　　倚靠八条飞毛腿，莎莉轻脚蟹向后跑、向旁侧跑与向前跑一样快。

攀 爬

　　莎莉轻脚蟹的步足末端有爪子。螃蟹利用爪子攀越海岸边的岩石。它们甚至能够在竖直的岩壁上攀爬。

跳 跃

　　对莎莉轻脚蟹来说，岩石之间的缝隙完全不是障碍，只需轻轻一跃，它们就逃之夭夭！

鲨 鱼

在靠近加拉帕戈斯群岛的沿海海域，偶尔可以看到鲨鱼在晦暗不明的水中兜着圈游弋。它们被鱼类和其他海洋生物吸引而来。而这些鱼类和其他海洋生物又因洋流带来富含养分的水流，涌进这处富饶的水域。

鲨鱼在地球上存在已超过4.5亿年的时间，它们已完全适应了在海洋中猎食。不同种类的鲨鱼以不同的目标为食：从浑浊水域漂浮着的数十亿计的浮游生物到海床上的脆脆的海胆。

丝鲨

这种皮肤如丝般嫩滑的鲨鱼，是世界各地热带海洋中的游荡者。这种鲨鱼来到加拉帕戈斯群岛，猎食鱼类、乌贼和螃蟹。

背鳍高而尖。

加拉帕戈斯鲨鱼

尽管名称中带着"加拉帕戈斯"的字眼，但这种体长3米的物种却遍布世界各地。人们总能在如加拉帕戈斯群岛这般偏远的岛屿周围看见它们猎食的踪影。

白顶礁鲨

这种中等体型的鲨鱼很少远离岩石海岸。白天，它们在海底洞穴里睡觉，晚上才出来捕食小鱼和章鱼。

瓜氏虎鲨

虽然体长仅1米，但这种鲨鱼有一个宽而平的吻和大鼻孔。在夜间，它们在海床上四处搜寻觅食甲壳类水生动物。

灰礁鲨

在大多数时候，灰礁鲨都游得很慢，但在追逐猎物时，它们的速度可以达到40千米/时。

科学家通过安装在鲨鱼身上的无线电装置追踪它们在海洋中的移动轨迹，以此来研究在加拉帕戈斯群岛附近的鲨鱼。

鲸鲨

作为最大的鱼类，这头庞然大物会长到近19米长，口中长有数千颗牙齿，只是这些牙都很细小。尽管鲸鲨体型庞大，但它们并不猎食。相反，它们只从海水中滤食浮游生物。

虎鲨

这种大型鲨鱼可以长到5米多长，因其胁腹或身侧的条纹而得名。它们具有非常强的攻击性，并且已知会攻击靠太近的潜水人员。

双髻鲨

为什么双髻鲨拥有这样独特的头部形状呢？嗯，这赋予了它们一些关键性的优势。第一，羽翼般的形状有助于它们在水中自由遨游。第二，宽大的鼻孔使鲨鱼更容易探寻到气味的来源，因为总有一侧的鼻孔会率先闻到气味。第三，鼻孔对电信号敏感，所以，它可以在水中侦测到猎物发出的信号。

双髻鲨的眼睛长在锤形头部的两侧。

路氏双髻鲨

这种鲨鱼可以达到4.5米长，有时会在达尔文岛和沃尔夫岛附近成群聚集。就像大多数的双髻鲨物种一样，它们如今也变得极度濒危。

每头鲸鲨都有一套独一无二的斑点。

黑边鳍真鲨

这种猎食者以鱼类、头足类和甲壳动物为食。它们是少数经常跃出水面的鲨鱼之一。

灰六鳃鲨

人们最近才在群岛周围发现这种深海鲨鱼。这种体长6米的鲨鱼白天躲在靠近海床的黑暗水域中休息。到了夜晚，它们才游到靠近海面的地方，捕食鱼类、乌贼和海豹。

深海生物

1979年，一艘名为"阿尔文"号的深海潜水器从加拉帕戈斯群岛北部下潜到海底2600米深的火山地质的海床上。

他们发现海床上喷涌着一股水柱，水温竟然高达380℃！这是首个已知的海底热泉。栖息在喷口附近的细菌吸收向上喷涌的矿物质，并利用矿物质的能量制造食物，成为海底食物链的基石，支撑着食物链的其他部分。作为食物生产者，这些细菌相当于陆地上和有阳光照射的海洋中进行光合作用的植物和藻类。整个食物链独立于阳光之外，这在自然界中是独一无二的！

水中的化学物质形成一团似浓烟的黑云。

怪方蟹

生活在喷溢口附近的神秘螃蟹长着毛茸茸（被称为"刚毛"）的螯。它们用这些刚毛收集水中的细菌，人们认为这些细菌是它们主要的食物。这些螃蟹也会吃其他底栖的贝类。

巨型管虫

这种能达3米长的巨型管虫是蚯蚓的远亲。为了保护自己，这种巨型管虫在被触摸或感觉受到任何危险时会关闭管口。

冷水涓涓流入海床。

岩浆加热岩石中的水。

"黑烟囱"

海底热泉如同从海底冒出的喷泉。喷溢出的水中富含化学物质，当它们遇到冷水时，就形成了黑色的云团。这就是喷溢口被称为"黑烟囱"的原因。寒冷的海水沿着海床上的裂隙向下渗透到令人难以置信的深度，在那里被海底深处炽热的"岩浆"加热。当热液回升并从海床上喷涌而出时，其上来自海洋与岩石的巨大压力阻止这些水柱沸腾起来。

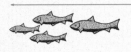

在海山上方的螺旋形环流有助于维持那里的营养物质。

上升流从海床上运送营养物质。

表面流。

下层海流/底流。

本图例非等比例缩放。

海 山

加拉帕戈斯群岛四周的海底分布着大量的海山，所以并不平坦。这些海山曾是古老的火山，如今淹没于海底。这些海山的高度在100—3000米之间，上方和周围的水域到处都是野生动物。洋流将海床上的营养物质带到这些海山周围，因此吸引了众多浮游生物，这又吸引鱼类、海鸟和其他猎食者来到这些隐藏的山峰上方的水域觅食。

贝 类

在加拉帕戈斯群岛发现的第一个热液喷口被戏称为"海滨野餐"，因为这里的温度轻易就能将贝类煮熟。然而，嗜热的深海蛤蜊却在这片水域中蓬勃生长。

贻 贝

一些世界上最大的贻贝生活在加拉帕戈斯群岛深海的热泉喷口周围，它们的壳可以长到40厘米大，大约有一个鞋盒那么大！

庞贝蠕虫

这种刚毛虫生活在黑烟囱附近，人们以发现这处深海热泉的"阿尔文"号潜水器的名称来命名它们。

热泉中的岩石化学物质沉积在喷溢口周围，形成高高的烟囱。

阿尔文虾

这种粉红色的虾很可能以生长在海底岩石喷口周围的细菌垫为食。

海洋保护区

加拉帕戈斯群岛是一处备受保护的区域，是一处尽可能让野生动植物不受人类打扰的地方。除了陆地之外，岛屿周围的海域也受到保护，这片区域被称为"加拉帕戈斯海洋保护区"。

该保护区成立于1978年，是近3000种海洋生物的家园，包括鲨鱼、海龟、鲸类和许多其他种类。对科学家来说，这里是一处研究野生海洋动物的绝佳之地。保护区目前占地13.3万平方千米，是世界上最大的海洋保护区之一。在2021年时，厄瓜多尔宣布保护区域再扩增6万平方千米的面积。

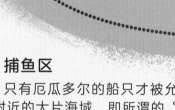

平塔岛

赫诺韦萨岛

伊莎贝拉岛

马切纳岛

圣地亚哥岛

圣克鲁斯岛

费尔南迪纳岛

圣克里斯托巴尔岛
埃斯潘诺拉岛

弗洛里亚纳岛

 保育区面积

 保护区边界

保育区

加拉帕戈斯海洋保护区内有一些保育区。这些地方包括需要特别保护的动物的重要栖息地，以及岛上企鹅和海狮的觅食区。

捕鱼区

只有厄瓜多尔的船只才被允许进入岛屿附近的大片海域，即所谓的"专属经济区"，捕捞作业。人们希望扩大海洋保护区的范围，将更多区域纳入保护区。

 专属经济区

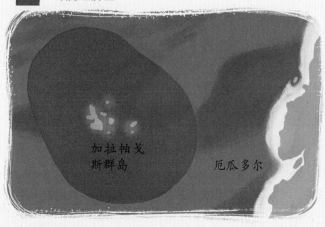

加拉帕戈斯群岛

厄瓜多尔

捕捞控制

只有加拉帕戈斯群岛本地的小型渔船才被允许进入保护区捕鱼。任何大型"工业化"捕捞船都被禁止进入，甚至连当地的渔船也在禁令之内。

珊瑚礁

海洋保护区覆盖了岛屿周围脆弱的珊瑚礁，大部分的珊瑚礁位于沃尔夫岛和达尔文岛附近。每年只有很少的游客能到访这些区域。同时保护区的法规规定，禁止到访游客触摸珊瑚或干扰任何野生动物，比如海蛞蝓。

星空海蛞蝓。

保护海床

保护区内禁止海底拖网捕鱼这种极具破坏性的捕鱼方式。拖网捕鱼，是指使用渔网把鱼从海床上搜刮起来的作业方式。禁令保护海床上那些脆弱的栖息地和生活在那里的海洋生物，如蝙蝠鱼。

红树林

从海水中拔地而起的繁茂森林是苍鹭等野生动物的避风港。这些鸟类以穿梭在红树林水下根部的游鱼为食。

沙 滩

加拉帕戈斯绿海龟们在沙滩上筑巢。这里是世界上这些绿海龟唯一的产卵地，所以我们需要好好保护这片海滩。

岩石海岸

曾经的火山熔岩如瀑布般坠入大海，产生群岛独特的岩石海岸线。这些海岸是群岛一些最具标志性的物种，如加拉帕戈斯企鹅、蓝脚鲣鸟和海鬣蜥等动物的家园。

加拉帕戈斯群岛上自然生长着大约600种植物，还有825种是被人类带到这里的！

植 物

加拉帕戈斯群岛的植物有其独特之处。相较于厄瓜多尔其他地区至少生长有2万种原生植物，在这些岛屿上，土生土长的植物（开花植物和蕨类植物）只有区区600种。其中，大约三分之一的岛屿植物是群岛所独有的，在地球上其他地方看不到。在世界上其他地方长得很矮小的植物，在加拉帕戈斯群岛上的近亲却能长到树那么高大。自然选择已经把岛屿上少数植物群转变成了富有丛林、干燥的林地和湿软的沼泽地，功能齐全的生态系统。

加拉帕戈斯群岛上的一处树菊森林。

植　物

岛上的植物是整个栖息地的基础，位于群岛食物链的底部——植物的叶子、种子和果实是岛上许多昆虫、爬行动物以及鸟类的食物来源。

加拉帕戈斯群岛绝大部分地区都无人居住，且受到保护，这使得岛上独一无二的树木、灌木和其他植物生机勃发，欣欣向荣。群岛的气候造就了五种主要的生态区，或者说植物带。每片区域的降雨量有所不同，这也造就了独特的植物分布情况。靠近海洋的低地地区，往往比岛屿上更高海拔或更深处的内陆地区更干燥。

达尔文棉花

这种大型灌木生长在远离海岸的干燥林地，可以长到3米高。它们会开出亮黄色的花朵，花朵通常有人的手掌那么大。大雨过后，繁花盛开，结出种子，然后种子撕裂吐露出蓬松的绒线。鸟类收集这些绒线，用作筑巢的材料。

红树林区

围绕在平静、清浅的海岸线，红树林盘根错节屹立于浅滩之中。

干旱区域

从海岸线通向内陆的干燥低地，被仙人掌和其他耐旱植物牢牢占据。这些耐旱植物在缺水的状态下也能顽强生存。

岛屿植被区

岛上五种不同的植被区分别位于不同的海拔，每片区域的降雨量不同。岛屿北侧的干燥区域往往比南侧的面积大。

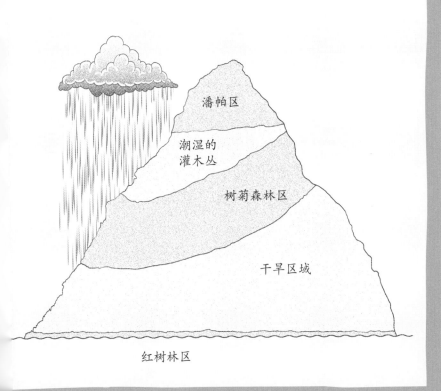

红树林区

潘帕区

岛屿海拔最高的地区，降雨量丰沛，以至于山上的土壤湿软泥泞。这一区域被称为"潘帕区"，生长着茂盛的禾草、苔藓和树蕨。

树菊森林区

树菊森林生长在岛屿内陆山地的斜坡上。这种长柄树菊是加拉帕戈斯群岛所特有的。

潮湿的灌木丛

在岛屿海拔更高的山坡上，树菊森林让位给潮湿茂密的低矮灌木丛和蕨类植物。

93

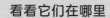

看看它们在哪里

这张地图显示了红树林在加拉帕戈斯群岛上分布的位置。

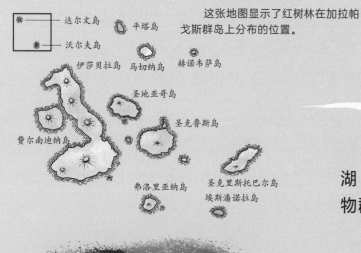

达尔文岛
沃尔夫岛
平塔岛
伊莎贝拉岛　马切纳岛　赫诺韦萨岛
圣地亚哥岛
费尔南迪纳岛　　　　圣克鲁斯岛
弗洛里亚纳岛　　圣克里斯托巴尔岛
埃斯潘诺拉岛

红树林

加拉帕戈斯群岛的海岸线上有许多海滩和泻湖，这些庇护所是红树林连带被海水浸没的木本植物群落的家园。

这类栖息地以三种树木为主，分别是俗称为红的、黑的和白的红树林，它们占据着浅海边缘，在水面上生长。红树林坚忍不拔——它们须要在海水中存活下来。古老的加拉帕戈斯红树林已经在这里生长了数千年。

红树林植物

白色树叶

在海水中生长意味着白红树和黑红树必须处理大量的盐分。植物在夜间通过叶片上的气孔分泌出多余的盐分。所以，树叶上经常附着白色的盐结晶。

植
物

漂浮的果实

白红树和黑红树的果实能在水中漂浮。当果实成熟时，"咚"的一声落入水中，最终被冲回岸上。接着果实发芽生长变成红树林。等到完全成熟，一些红树林能长到20米高。

海蓬子与滨藜

海蓬子

多肉的叶片

老叶片
凋落

细胞

盐海水

囊中盐

水分和盐分往上走

海蓬子是另一种生长于加拉帕戈斯群岛海滨的植物，它们可以应对高浓度的盐分。咸咸的海水从它们的根部通往肉质的叶片。叶片里的细胞从海水中泌出盐分，并将其储存在胚囊中。较老的叶片含有太多盐分，最终自行脱落。而滨藜也是一种耐盐的植物。

滨藜

空中根系

红树林长有木本的根系，支撑树枝和树叶在海面上生长。根系也需要呼吸，但当植物的根部埋于水下或淤积的海床时，其根系就无法吸收空气。因此，红树林拥有非常特殊的气根。这些气根生长于水面之上，具有通气孔，让必不可少的空气进入根部系统。

火焰刺桐

这种大树在旱季时落叶，有好几个月都光秃秃的。但当雨季来临，这种树又会绽放出火焰般的花朵。

尖利的刺阻止鸟类落在仙人掌上。

干旱区的植物

在加拉帕戈斯群岛中，面积较大的岛屿上，海岸线和高地之间的陆地往往非常干燥或者说干旱。云层通常把雨降在山坡上，因此，靠近海岸线的低洼地区几乎没有雨水。

在岛屿北侧，干旱区的面积尤其大。这是因为大部分雨水集中落在岛屿中央高地的南侧，而北部地区则在"雨影效应"之下。只有像仙人掌这种具备长期储水能力的植物才能在这样的干旱地带存活。

巨型刺梨仙人掌

这是群岛上最常见、最高大的仙人掌。在一些岛屿上，刺梨仙人掌可以长到12米高。大块的多肉掌板是仙人掌的茎。水分就储存在多肉掌板和高大茎干海绵状的内部。

针叶山雏菊

为了保持水分，这种灌木具有短而窄、如同松针的叶子。与其他植物扁平的大叶片相比，这种雏菊的叶片面积要小得多，以减少水分蒸腾。

珍珠浆果

这种高大、多刺的树木长着鲜绿色的叶子和白色的花朵，结出看起来像珍珠一样的椭圆形浆果。

带刺的食物

仙人掌是陆鬣蜥和象龟重要的食物来源，它们吃仙人掌的掌板和果实。而仙人掌地雀以仙人掌的花朵和种子为食。当岛屿上缺乏这些以仙人掌为食的动物时，那里的刺梨仙人掌的刺就要少得多！

熔岩仙人掌

这是群岛上最小的仙人掌品种，只有约60厘米高。顾名思义，熔岩仙人掌生长在干旱区域的熔岩平原。它们生成一簇簇长满尖刺的茎丛，能长到2米宽。

烛台仙人掌

在一些岛屿上，这种仙人掌可以长到9米高。得名"烛台仙人掌"是因为其茎干向两侧伸展分支的样子，使它们看起来像一个老式的烛台。烛台仙人掌主要由粗壮厚实的海绵状茎构成。叶子演化缩减为细刺，保护它们不被饥肠辘辘的动物吃掉。

沙漠之刺

这种带刺的小型灌木填补了较大植物留下的空隙。狭窄的叶片生长在植物的枝干周围，枝干的末端带有尖锐的刺。雨后，沙漠之刺开花并结出红色的浆果。

树菊森林

覆盖在加拉帕戈斯群岛山丘上的森林由一种不同寻常的树菊构成。这种树菊有三个种类。

尽管树木高大，木枝结实，但树菊与你在世界其他地方的森林中所见到的树木毫无关系。相反，树菊是由与雏菊、金盏花，甚至莴苣相关的小型灌木植物进化而来的。树菊原始祖先的种子可能由鸟类携带到了加拉帕戈斯群岛。

看看它们在哪里
这张地图显示了有树菊覆盖的主要岛屿。

树 菊

三种树菊属植物是在争取阳光的竞争中进化而来的。没有一种植物能在加拉帕戈斯群岛干燥的岩坡上长得很高。哪种植物能努力向天空生长，就能把其他植物留在浓密的树荫下，并占据生长优势。

生与死

　　树菊森林循环生长，周而复始。雨季期间，树林生长得最快。树菊大约需要15年时间长到10米的高度。随着"厄尔尼诺"临近，树菊生长减缓，小树苗从林地上发芽。接着干旱袭击岛屿，高大的老树相继死亡。下一场降雨来临，幼苗快速生长，取代死去的老树。

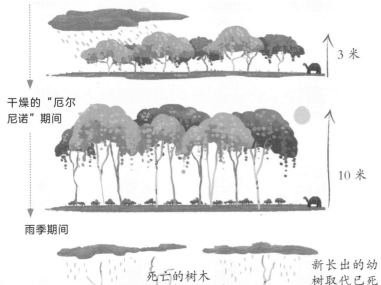

雨季期间

3 米

干燥的"厄尔尼诺"期间

10 米

雨季期间

死亡的树木

新长出的幼树取代已死的树木。

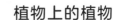

　　这种**扣眼兰花**也是岛上主要的附生植物。它们的根牢牢依附在树干上，并从空气和树皮中吸收水分。

植物上的植物

　　树菊森林中遍布着附生植物，即生长在其他植物上的植物。它们靠攀附在高大的树木上来获取更多的阳光。

　　苔藓是常见于树菊枝干上的一种附生植物。苔藓结构简单，因为没有真正的根，所以它们靠微小的茎叶汲取水分。

　　还有一些附生植物是**地衣**。地衣实际上不是植物，而是一种真菌与藻类共生的复合体。真菌内部住着藻类。真菌为藻类提供共生的空间，而藻类又为真菌提供营养。

潮湿的灌木丛

野牡丹灌木丛区

在加拉帕戈斯较大岛屿的高地上，湿答答的空气中凝聚着大量的水汽。岛上的许多植物都生长在这片潮湿的灌木林地里，这种湿度对它们来说十分理想。

当空气变得过于湿润，其中的水分凝结（从气体变为液体），于是形成降雨。雨水和潮湿的水雾滋养着这些全年生长的灌木葱茏。山坡下高大茂密的树菊在这里变得稀疏，因为它们被茂密的灌木丛与蕨类植物所挤占、取代。

圣克鲁斯岛和圣克里斯托巴尔岛是两座最古老的岛屿。岛上有一处特殊的灌木地带，主要生长着一种名为大叶野牡丹的植物。大叶野牡丹的花会把高高的山坡染成粉紫色，而在干旱时节，它们绿色的长叶会变成暗红色。

褐色地带

加拉帕戈斯群岛上，还有处被称为"褐色地带"的区域，这处区域比其他植被区小得多。该区域得名于远观时所呈现的颜色。这是由苔藓和地衣等附生植物附着悬挂在树林和一些灌木的枝干上所导致的。附生植物也被称为"空气植物"，因为它们可以直接从空气中获取水分。在加拉帕戈斯群岛的高地上，雾气笼罩的坡地是这些附生植物旺盛生长的完美栖息地。

逐步蔓延的入侵物种

在圣克鲁斯岛上潮湿的灌木丛中，本地原生的植物正被奎宁树所侵扰，奎宁这种植物于1946年时被引进。奎宁产生种子的速度比本地植物快得多，而且生长得更高，窃取后者赖以生存的阳光。

潘帕区

在岛屿地势最高的山丘顶部覆盖着被称为"潘帕"的植被区。"潘帕"一词来自南美洲克丘亚语，意为"平原"。

在潘帕区生长的植物大多为禾草、莎草和蕨类植物。这处植物区是群岛陆地上最潮湿的栖息地，小型植物更适合生长在这样潮湿的环境中。树木很少生长在这里，因为它们的根部无法适应浅薄且积水的土壤。

树蕨

在潘帕区最高的植物是可以长到3米高的树蕨。这种蕨类植物通常长在山顶的裂缝、天坑和火山口处。

地衣

岛上许多地衣都生长在湿软沼泽的潘帕区。地衣不是植物，而是真菌类生物体，其中包裹着只有在显微镜下才看得见的藻类。藻类通过光合作用（像植物一样）制造食物，并与真菌分享。作为回报，真菌为藻类提供一处长久安稳的居所。

湿润而狂野

即使在岛屿温暖的雨季，潘帕区也不是一处阳光明媚的区域。大多数日子都下着大雨，年降水量为2500毫米左右。而在旱季，洪堡寒流带来迷蒙细雨，使潘帕区比雨季时更潮湿。

2.5米

加拉帕戈斯莎草

潘帕区生长着一些生命力顽强的植物，其中最坚韧的当属加拉帕戈斯莎草。这些莎草看起来与禾草类似，但它们长着三角形而不是圆形的茎，会开出不同类型的花朵。它们长期生长在土壤贫瘠的潮湿地带，那是其他植物无法存活的禁区。

囿于地面的鸟儿

潘帕区是加岛南美田鸡的避难所。这种小鸟不善于飞行，只能在地面生活，会在灌丛中寻找昆虫和种子。在岛屿其他的栖息地，老鼠和猫等外来的捕食者已经将它们消灭殆尽。而荒无人烟的潘帕区是目前仅存的加岛南美田鸡的栖息地。

加拉帕戈斯番茄

加拉帕戈斯群岛上有许多奇特的植物，包括从裸露的熔岩中冒出的仙人掌、高大挺拔的长柄树菊。然而出人意料的是，还有一些本地植物，我们莫名地熟悉——这就是加拉帕戈斯番茄！

加拉帕戈斯群岛生长着两种独特的番茄物种。科学家们估计，在不到短短50万年间，它们从来自南美大陆的番茄物种进化而来。不幸的是，经过这么长时间，这两个野生物种现在正受到菜农带上岛的非本地番茄物种的威胁。

加拉帕戈斯野生番茄

这种加拉帕戈斯番茄会结出橙色的如樱桃般小巧的果实。果实顶部的绿色萼片总是非常长。

长长的萼片

这种番茄表面有毛茸。

野生且美味

在所有主要的岛屿上，都有这两种加拉帕戈斯番茄。它们是雀鸟和象龟最爱的食物。这些动物的粪便会把番茄的种子传播到新的地点。岛上并没有太多昆虫在番茄花朵间帮忙传递花粉。但是，加拉帕戈斯的番茄种是自花授粉，这意味着它们可以在没有传粉昆虫的帮助下，结籽，生长。

果实小且黄

野生番茄主要生长在岛屿干燥的干旱区域和树菊森林之间的地带。只要在阳光和水分充足的地方，就可以发现这种番茄。人们经常在海面以上高峭的岩坡上看见它们，因为那里有雨水从高处流淌而下。

契斯曼尼番茄

这种本地物种也被称为"加拉帕戈斯番茄"，结出差不多葡萄大小的黄色果实。

短短的鄂片。

光滑的果实。

加拉帕戈斯番茄物种可以抵御在世界其他地区危害番茄的害虫。

其他水果

加拉帕戈斯群岛温暖的气候条件非常适宜各种热带水果的生长。这里长有品种独特的番石榴和野生百香果（上图）。岛上的果园和农场也种植香蕉、牛油果（鳄梨）和橘子树等许多引进的水果。然而，岛上居民所吃的大部分水果和蔬菜都是由船从厄瓜多尔运上岛的。然而不幸的是，这些外来物种中的一部分已进入自然界，正肆无忌惮地取代本地植物。

番茄植物生长在加拉帕戈斯群岛海岸线的岩石坡上。

入侵者的攻击

一种来自南美大陆，被戏谑为"皮条客"的野生樱桃番茄，已经逃窜到了加拉帕戈斯群岛的荒野。这个物种不仅在一些地区扎了根，还与本地物种杂交，制造出杂交番茄。

保护当地植物

加拉帕戈斯群岛上本地的野生动植物，特别是植物，正备受威胁。现在，从国外引进的物种已经肆意攻占岛上天然原生的植物群落的生存空间。

其中一些外来植物是由当地想要种植食物的农民引进的，还有一些是在进口货物中意外携带上岛的。许多植物已经逸生到了加拉帕戈斯国家公园的荒野之中，在那里它们比本地植物生长得更快。虽然整个过程比动物入侵的速度慢得多，但引进的植物正悄然改变着整座群岛。它们必须被阻止！请看下一页的绿色面板，了解更多岌岌可危的本地植物。

红奎宁树

为了研制药物，人们将这种生长缓慢的奎宁树带到岛上。现在这种树木正蔓延在潮湿的森林之中。

根除入侵植物

应对不受欢迎的植物，将它们连根拔除是最好的防御措施，这样它们就不会进一步传播。这是一项艰难的工作，可能需要很多年才能完成。所以，岛上的保护工作者首先针对的是最具破坏性、危害最严重的植物。

西班牙柏木

早期定居者为了获取造船和修建房屋的木材而种植了这些大树。如今，特别是在圣克鲁斯岛上，这些大树正在取代山上野生的树菊。

马缨丹

这种大型灌木会开出漂亮的花朵。它们被园丁种植在群岛主要的城镇，但现已逸生到了潮湿的森林之中。

山地覆盆子

这是覆盆子的野外亲戚，原生于喜马拉雅山，因其果实和快速生长的枝干可用于制作栅栏而被引入岛内。现在它们生长在茂密的灌木丛中，挤占了本地植物的生存空间。

象草

早期的农民为了收获牛群的口粮，种植了这种坚韧的、生长极快的牧草。如今，它们已经压制和排挤岛上本地的指型禾草。

古老的树蕨

蕨类植物是一种古老的植物。它们在地球上存在的时间比针叶树和开花植物更久远。世界上最早的森林中长满了巨大的被称为"树蕨"的蕨类植物。现在仍有几百种树蕨存活，但大多数都遭受着栖息地丧失和人类活动所造成的其他问题的威胁。加拉帕戈斯群岛有自己的树蕨种类，但它们正被入侵的奎宁树挤出岛屿高地上潮湿的栖息地。

本地植物

达尔文曾记录，加拉帕戈斯群岛上的许多植物都是"看起来萎靡、寒酸的杂草"。在这方面，他判断失误。如果找对地方，那么你会发现岛上生长着一些小而美的开花植物，但是现在其中很多都需要被保护。本地的树蕨也需要额外的关照，因为它们也备受威胁。

濒临灭绝

有一种树菊，即詹姆斯岛树菊，此前被认为已被饥饿的山羊所灭绝。然而，就在1995年时，人们在圣地亚哥岛上的一个古火山口发现了从岩壁处长出的5棵詹姆斯岛树菊。在这儿，甚至连山羊也无法威胁到它们，这些树菊从灭绝的边缘回来了！

加拉帕戈斯岩马齿苋

这些可爱的粉色花朵从一种细长纤弱的灌木枝头冒出。这种植物只栖息在加拉帕戈斯群岛，在野外面临极高的灭绝风险。

达尔文雏菊

虽然昵称中带有"雏菊"二字，但这种小型向日葵只存在于圣克里斯托巴尔岛上。它在埃斯潘诺拉岛上有一个近亲种属，被称为"菲茨罗伊雏菊"。这种雏菊以"小猎犬号"船长罗伯特·菲茨罗伊的名字命名。

普通皱垫草

低矮的普通皱垫草贴地生长，长着灰色的毛茸茸的叶子，覆盖在平坦而干燥的地区。雨后，它们开出大量白色的小花，这是熔岩蜥蜴的重要食物。

1570年，这些岛屿首次被冠以"加拉帕戈斯"之名绘制在世界地图上。

人类与保护

加拉帕戈斯群岛是一个活的自然历史博物馆，吸引世界各地的人们到访观光。他们来这里体验大自然的神奇，并目睹生命为了求生存总以不可思议的方式适应和进化。然而长期以来，这些岛屿上的野生动物一直受到人类活动的侵扰。今天，岛上的游客和居民正在采取新的方式来恢复这些被破坏的岛屿栖息地，并与自然和谐相处。

加拉帕戈斯群岛，巴托洛梅岛上游客们的影子。

探索者

在历史上的大部分时期，加拉帕戈斯群岛都荒无人烟。直到大约500年前，探索者们终于踏足此地，情况才开始有了变化。

破坏自然

早期造访加拉帕戈斯群岛的人们极大地伤害了当地的野生动物。他们"赶尽杀绝"，把一些象龟物种逼到灭绝的地步（请参见上图遍地的空龟壳）迄今为止，这些岛屿都未真正得到恢复。

人类与保护

加拉帕戈斯群岛不仅仅是一处充满植物和动物的野外之地，还是岛上大约30 000人的家园。

因此，岛上的人类居民尽最大的努力与大自然和谐共处，不去破坏岛上的自然生态。事实上，许多被称为"加拉帕戈斯人"的岛民，他们的工作就是帮助保护和保存这片他们赖以生存的岛屿上的自然奇观。然而，依然还有很多工作亟待完成。人类已经在岛上生存了大约200年的时间，其间犯过不少错误。如今，本地的动植物正遭受外来入侵物种的侵扰。清除这些入侵者的竞赛正争分夺秒地进行着。

有人居住的岛屿

加拉帕戈斯群岛中只有五座岛屿有人居住：伊莎贝拉岛、弗洛里亚纳岛、圣克里斯托巴尔岛、圣克鲁斯岛和巴尔特拉岛。人们可以造访其他岛屿，但不能在这些岛上停留太长时间。

自然科学

因为达尔文，加拉帕戈斯群岛长期以来一直都是世界科学研究的中心。科学家和研究人员长期在加拉帕戈斯群岛上从事自然研究的工作。

生态保护

加拉帕戈斯群岛需要被保护，或者说需要被照顾。为了保护群岛陆地和海洋的栖息地，岛上有许多正在实施的保护计划。

每年，前往这些岛屿的游客数量远远超过岛上居民的人口总数。

旅游业

旅游业是加拉帕戈斯群岛最大的生意。人们不远万里来到这里，惊叹明星动物们的神奇，享受热带岛屿的美丽风景与独特风情。每位游客得从厄瓜多尔大陆乘飞机飞到这里。岛上的旅游业为该国赚取了大量的资金。然而，现在日益增多的游客，也可能破坏这些他们专程赶来观赏的自然奇观。

海盗的天堂

加拉帕戈斯群岛在1535年时被人类发现。当时，一艘从巴拿马驶向秘鲁的西班牙航船被强劲的洋流推离海岸。

当时船上有巴拿马的主教弗瑞·托马斯·德·贝尔兰加，他和一些船员泊岸上岛去找水源。他们是已知最早踏足加拉帕戈斯群岛的一批人。这些岛屿并没有给贝尔兰加留下深刻的印象，他把这里描述为"上帝下石头雨的地方"。但是，他也注意到了这里奇怪的野生动物，并报告说，这里的鸟类完全不害怕人类，而且还飞落在了他的手上。

海盗基地

在17世纪之前，加拉帕戈斯群岛已成为英国和荷兰海盗的一处基地。海盗们躲在岛上，等待伏击穿越太平洋的满载着黄金和其他财宝的西班牙船只。海盗们把象龟视作食物，捕捉活的象龟搬运上船，作为长途航行的鲜肉补给。

被施了魔法的岛屿

在1546年，迭戈·里瓦德内拉船长率领了一支探险队来到了这座群岛。他称这里为"被施了魔法的岛屿"，因为群岛有时会消失于迷雾之中，由于洋流将他的船只推离海岸，使他难以泊岸。于是，他怀疑这些岛屿一直在海面飘忽不定，从一处地方漂到另一处地方。

圣地亚哥岛上的海盗湾取了个很贴切的名字。这里曾是一处很受海盗欢迎的庇护所。

印加人

传说在15世纪末，早在欧洲探险家还未抵达美洲之前，印加皇帝图帕克·印卡·尤潘基率领了一次远航。在航行中，他们发现了加拉帕戈斯群岛。印加人一直统治着南美洲的西海岸，直到16世纪西班牙侵略者的到来。印加人用一束束的芦苇捆扎在一起来建造船只。

捕鲸者

在19世纪，用鲸类脂肪（鲸脂）制成的油是一种有价值的产品。来自世界各地的捕鲸船纷纷驶到加拉帕戈斯群岛附近的海域，因为那里是许多鲸类的避风港。捕鲸水手们也不时上岸猎杀岛上的海狗，几乎使其灭绝。

人类定居

第一个在加拉帕戈斯群岛定居的人是一位叫帕特里克·沃特金斯的爱尔兰水手。1807年时，他被船队抛下，独自在岛上生存了两年时间。不久，又有许多定居者来岛上长期居住。

在那时，猎杀鲸类即捕鲸，是水手们在太平洋上的大宗生意。这些岛屿成为当时一处重要的赚钱场所，引发各国为控制此地而相互争夺。捕鲸的船员开始把加拉帕戈斯作为一处休息和补充食物、水等物资的地方。正因如此，人们待在岛上的时间越来越长。

邮局

在19世纪初，船员在弗洛里亚纳岛上设立了一个"邮局"信箱。思乡的船员在这里投下信件，让其他船员顺带捎回欧洲或北美大陆再次投递。如今，原有的邮箱被替换，这处邮局只在游客间发挥着作用。

真正的"白鲸"

1818年，美国捕鲸者在这些岛屿附近发现了数量巨大的抹香鲸群。在当时，这些大型鲸类的油用于燃烧油灯。抹香鲸的油脂在燃烧时没有气味，所发出的光比其他原料所提炼的油更明亮。抹香鲸的油脂是所有鲸油中最好的，但很难抓到它们。在1820年，新英格兰捕鲸船"埃塞克斯"号在群岛附近被一条巨型抹香鲸击沉。这一事件启发了1851年《白鲸》一书的作者，该书讲述了一位船长与一头凶残的鲸恶斗的故事。

人类与保护

更美好的生活？

在20世纪20年代，来自挪威的定居者来到加拉帕戈斯群岛，希望为自己创造更美好的生活。他们一开始在圣克鲁斯岛的阿约拉港定居下来。然而，他们对岛上缺乏可能性倍感失望，所以并没有多少人继续留下。到了20世纪30年代，加拉帕戈斯群岛上的人口开始增长。一些欧洲移居者，其中大部分来自德国，带着创造一处完美社会的念想来到了岛上。其中有一位牙医，他不穿任何衣服，而且只吃生食！不幸的是，他最后死于食物中毒。另一位定居者宣称她是弗洛里亚纳岛的皇后，想在岛上修建一座酒店。最后，她消失不见了，从此再也没有人在岛上见过她。

厄瓜多尔的岛屿

1832年，厄瓜多尔宣布加拉帕戈斯群岛是其国家领土的一部分。厄瓜多尔的第一批定居点设在弗洛里亚纳岛和圣克里斯托巴尔岛，是关押那些试图攻占政府的叛军们的监狱。囚犯们清除了森林，新建了农场，但这里的生活太恐怖，以至于囚犯们经常攻击警卫。20年后，这些监狱最终被关闭。

"泪墙"

1944年，人们在伊莎贝拉岛上又新建了一所监狱。为了让囚犯们忙碌起来，并阻止他们密谋逃跑，他们被迫建筑一道石墙。历经15年的修建，"泪墙"长100米，高6米，宽3米。许多囚犯在石墙修建的过程中死去。

加拉帕戈斯人

加拉帕戈斯群岛上的当地居民被称为"加拉帕戈斯人",他们生活的城镇和农场仅占群岛陆地面积的3%,剩下的97%是作为野生动植物的保护区,后来于1959年成为加拉帕戈斯国家公园。

加拉帕戈斯群岛上最大的城镇是圣克鲁斯岛上的阿约拉港。而在南西摩岛有一处军事基地——通常被称为巴尔特拉岛——最初在第二次世界大战中被美国空军征用,但现由厄瓜多尔政府监管。群岛的首府位于圣克里斯托巴尔岛上,名为"巴克里索莫雷诺港"的小镇。旅游业和渔业是岛上两座小镇的支柱产业。

岛上主要的牲畜是牛和鸡。

定居者把马带到了岛上。

农耕

在加拉帕戈斯群岛，人们高效地利用耕地。岛上的居民小心翼翼，确保野外荒地不被农作物和牲畜破坏。这张地图显示了圣克鲁斯岛上开展的农业类型。

圣克鲁斯岛

用于建造房屋的木材取自受管理的森林。

水果和蔬菜。

这里的咖啡豆远销世界各地。

- 畜牧业
- 林木建筑
- 咖啡
- 园艺

在未来几年，在加拉帕戈斯群岛上生活的人口数量很可能会大幅增长。

渔业

许多加拉帕戈斯岛民都从事着与渔业相关的工作。然而，群岛周围的海域属于海洋保护区。这意味着渔船不能过度捕捞，得确保企鹅、海狮和其他动物有足够的食物。

食物与农耕

群岛只有圣克鲁斯岛、伊莎贝拉岛、圣克里斯托巴尔岛和弗洛里亚纳岛四座岛屿允许农田耕种。所生产的食物不足以养活所有的岛民和游客，所以定期会从厄瓜多尔大陆运送额外的食物补给到岛上。

淡水供应

圣克鲁斯岛和伊莎贝拉岛上的自来水都是取自入海口处，经过处理的半咸水。高地的雨水流经地下，在入海口与海水交汇，形成半咸水。弗洛里亚纳岛上的天然水源也十分有限，仅限于岛上高地有一处天然泉水，而圣克里斯托巴尔岛上的居民也使用岛上高地淡水湖泊的水。

117

垃圾问题

岛上没有垃圾填埋场，其中大部分垃圾由旅游业产生。这些垃圾往往被焚烧处理，向空中和水中释放有毒物质。一些废弃物也被非法倾倒，招致老鼠和苍蝇泛滥。

小火蚁

这些来自南美大陆的凶猛的蚂蚁会成群结队地发动进攻。它们用毒刺杀死小型的本地爬行动物和鸟类，然后吃掉它们的尸骸。这些蚂蚁还通过蜇伤象龟的眼睛来攻击象龟。

人类的
破坏

山羊

1813年，一艘美国军舰的船员在圣地亚哥岛上留下4头山羊。它们很快就繁衍出成千上万头的山羊。在与象龟的食物竞争中，这些山羊取得压倒性胜利。目前，山羊根除计划已清除了在圣地亚哥岛和其他许多岛屿上所有的野生山羊。

不受欢迎的水果

番石榴及其他经济作物，比如黑莓和奎宁树，已突破农场的界限并逸生到了潮湿的林区，正逐渐取代本地植物。

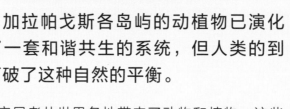

加拉帕戈斯各岛屿的动植物已演化出了一套和谐共生的系统，但人类的到来打破了这种自然的平衡。

定居者从世界各地带来了动物和植物。这些非本地物种打破了地域的樊笼，开始在群岛的自然环境中肆意生长。大多数的外来物种通过摧毁或挤占本地野生物种，并逐步取代后者的生态位，得以在新的家园繁荣兴盛。保护工作者目前正致力于消除入侵物种，恢复加拉帕戈斯群岛往日的自然光景。

猫

1832年，猫随着第一批定居者来到这里。猫主要在夜间捕食，猎杀了许多当地的鸟类和蜥蜴。保护工作者正试图通过投放有毒食物来根除岛上的这些夜猫子。

啮齿类动物

外来的老鼠和田鼠乘船"偷渡"来到岛上。一直以来，老鼠都是特别的难题，因为它们啃食爬行动物和鸟类的蛋，还有刚出壳的幼雏。在平松岛，50年来没有一只幼龟幸免，直到2018年岛上的老鼠才最终被清除干净。

马和驴

在19世纪弗洛里亚纳岛上的监狱营地，人们把马和驴当作劳动工具使用。监狱关闭后，总督将这些动物驱散到了其他大岛上。

野 猪

猪最早由厄瓜多尔定居者在建立农场时引入。这种动物会毁掉象龟和鸟类在地上的巢穴。到2006年，人们已把野猪从几个岛上清除。

野 狗

那些被早期定居者遗弃的宠物狗的后代会猎杀岛上的鬣蜥和包括企鹅在内的海鸟，造成了巨大的破坏。

海洋污染

燃油靠一种被称为"油轮"的船只运送到岛上，总存在着油轮泄漏的风险，海面浮油会破坏岛屿周边脆弱的海洋生态，危害海洋动物。上一次油轮泄漏事故发生在2019年。

不断增长的城镇

随着岛上人口不断增长，加拉帕戈斯的城镇变得越来越拥挤，规模越来越大。岛上的采石场也越变越大，以满足人们对建筑用砖的需求。当地农场无法为群岛上的所有人生产足够多的食物，因此，每天都有成千上万箱的食物和饮料通过空运和海运抵达岛屿。

树 蛙

这种多指节蟾属的树蛙最初发现于厄瓜多尔干燥的森林中，于1998年在岛上出现。从那时起，它们就在繁茂的灌木地区四散开来，而且目前还未找到可以阻止它们的办法。

保护群岛

保护加拉帕戈斯群岛上野生动物的安全和自然栖息地免遭破坏是一项艰巨而繁重的任务。

环保工作者已经在群岛上工作了近60年。虽然进展缓慢，但早期移居者所造成的破坏正在逐步恢复。为实现这一目标，团队人员不得不想出一些出奇制胜的方案，其中包括：大规模清除入侵动物；采取生物防治的方法，通过引入掠食性天敌来捕食制造麻烦的害虫；圈养岛上的濒危物种；等等。

查尔斯·达尔文研究中心

这里是群岛上科学研究与保护的总部。研究中心位于国家公园内，毗邻圣克鲁斯岛的阿约拉港镇。研究中心有不同团队的保护工作者在整个群岛和海上工作。他们在那里，想尽办法寻求最佳的措施，保护加拉帕戈斯国家公园和海洋保护区内的野生动植物。

犹大山羊

野山羊是岛上的一大难题，因为它们繁殖的速度非常快，会破坏森林，并吃掉当地所有草食动物的口粮。为了解决这个问题，保护工作者在伊莎贝拉岛和圣地亚哥岛实施了"犹大山羊"计划（在1997—2006年期间），暴露野外山羊群的位置。（犹大是《圣经》中一个臭名昭著的叛徒。）他们先捕获一只山羊，并为其安装上一个无线电项圈，再把它释放到野外。保护工作者会一直追踪这只犹大山羊，直到它找到同伴。然后，乘坐直升机赶到现场的专业狙击手一举将所有的山羊消灭，除了那只犹大山羊。然后，被留下活口的犹大山羊会继续寻找另外的山羊群。自1997年以来，通过"犹大山羊"计划，岛上共射杀了超过20万头野生山羊。

被捕捉并装上无线电项圈后，犹大山羊还会进行一项阻止其繁衍的绝育手术。

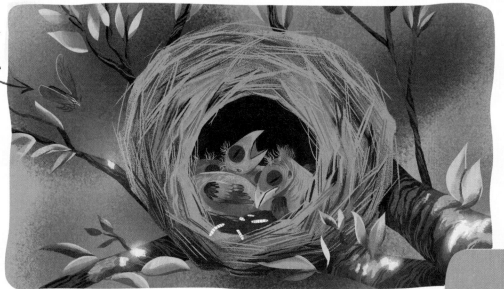

吸血蝇在鸟巢中产卵，虫卵孵化成蛆虫。

生物防治

有害昆虫是最难对付的入侵物种。为此，保护工作者正寻求生物防控手段，即引入另一种物种来对付害虫的方法。在加拉帕戈斯群岛上，一种外来的吸血蝇的蛹（幼虫）正威胁着岛上多种雏鸟的性命。从2018年开始，研究人员开始探查从厄瓜多尔大陆引入一种仅知其学名为Conura annulifera的小型寄生蜂。这种寄生蜂是只对这种特殊的吸血果蝇下手的职业杀手。一旦发现这种果蝇，绝不留一个活口！

寄生蜂成虫

一旦发育完全，寄生蜂幼虫借助蝇蛹变成成虫。接着它挣脱蝇蛹，飞去寻找配偶，并继续在吸血蝇的蝇蛹上注卵。

注 卵

在吸血蝇的蛆虫变成蛹期间，处于成年期前不太活跃的阶段时，小寄生蜂趁机开始攻击。它用带刺的卵管刺穿蛹的外壳，并在里面产下一枚卵。

活着的育儿室（寄生）

寄生蜂幼虫孵化，并以吸血蝇幼虫为食，随着寄生蜂幼虫蚕食完蝇卵，自身也逐渐长大。

繁殖回归

最濒危的象龟正被人工饲养。对它们而言，象龟繁育中心是最安全的地方，直到它们家乡的岛屿上再也没有入侵的捕食者和竞争者。人们将圈养的象龟放归埃斯潘诺拉岛，这项计划非常成功，并于2020年时结束。原先那些由人工饲养成年的象龟现已重归故里。

加拉帕戈斯群岛上90%的爬行动物都是该岛所独有的。

生态旅游

如果将来要把加拉帕戈斯群岛的自然美景留给子孙后代，就需要资金，而且是大笔的钱财。

发展旅游业是获得资金的一种方式，有成千上万的人愿意花钱来这些神奇的岛屿旅游。然而，游客量过多会破坏岛屿脆弱的栖息地。生态旅游是解决这项问题的一个方法。这种旅游方式让游客以安全的、负责任的方式享受岛屿的自然奇观，而游客花费的钱既可以帮助保护岛屿，又可以改善当地人的生活。

在1978年，加拉帕戈斯群岛被联合国教科文组织列入《世界遗产名录》。

配备向导的徒步旅行

加拉帕戈斯国家公园，即岛屿受到保护的区域，并不允许游客单独游览和探索。游客必须参加由专业向导带队的旅行团。专业向导可以向游客讲解关于岛屿以及岛上野生动植物的所有知识。

海上船宿

许多游客不会在岛上过夜。相反，他们睡在巡游岛屿的邮轮上，花几天时间探索不同的登陆点。也许在岛上的酒店留宿，并从那里开始探索，是一种费用不太高昂的选择。

海上游猎

船游是观赏岛上许多自然奇观的最佳方式。游客可以与鱼、海狮一起游泳，并在步行难以抵达的地方看到众多海鬣蜥和海鸟。

一处有价值的地方

在加拉帕戈斯群岛上的每个人，无论是当地居民还是游客，都会受到"群岛为何如此神奇"观念的熏陶。人们越了解这处独特的地方，就越愿意倍加努力地保护这里。

生物安全

为了防止入侵物种的传播，国家公园对人们带上岛屿的食物、植物、动物和土壤都有严格的规定。按照要求，研究人员在造访某些岛屿前，不能吃番茄、番石榴和百香果，以防种子通过粪便遗留在岛上。

术语表

（以下词义只限于本书内容范围）

adapt　适应
一种生物如何随着时间的推移而变化，以便在环境中更好地生存

adaptation　适应
动物或植物与栖息地更相适的方式

agriculture　农业
种植农作物、饲养牲畜来获取食物

algae　藻类
生于水中或水域附近的植物样的生物。海藻是藻类的一种类型

altitude　海拔
海平面以上物体、生物或地方的高度

amphibian　两栖动物
动物界的一类，包括蛙和蝾螈，它们一生中有部分时间生活在水中，而其余时间则生活在陆地

ancestor　祖先
较近代的动物或植物从其进化而来

aquatic　水栖的；水生的
生活在水中的

archipelago　群岛
岛屿群

boundary　边界；分界
一片区域结束，另一片区域开始的界限

breed　繁殖
动物交配，产生后代的生理过程

camouflage　伪装
动物皮肤、皮毛或羽毛上，帮助其隐藏于环境中的颜色、花纹或图案

cetacean　鲸目动物
海洋哺乳纲动物的一种，包括鲸类和鲸豚类

characteristic　特征
生命体或无生命的物体的特点

climate　气候
特定地区的天气模式

cold-blooded　冷血的
描述动物随周围空气或水温变化而调整体温的术语

colonize　拓荒、拓殖
接管，占据

colony　群落
生活在一起的一大群动物

conservation　保护
保护自然环境和野生动植物

conservationist　保护工作者
从事环境保护工作的人

continent　大洲
世界上的陆地被分为七大洲：非洲、南极洲、亚洲、欧洲、北美洲、大洋洲和南美洲

coral　珊瑚
软体海洋动物，用石灰质聚结成硬质保护架，它们有时会形成大片的珊瑚礁

countercurrent　逆流
与另一条洋流反方向流动的海流

crater　火山口
碗状的凹陷，通常位于火山顶部附近

current　洋流
海水的流动，海洋中有许多洋流穿行

DNA　脱氧核糖核酸
DNA是脱氧核糖核酸的缩写，是一种复杂的化学物质，包含编码指令或基因，用于生物体的生长、发育和自我修复。不同的物种拥有不同的基因

echolocation　回声定位
通常被海豚等动物使用，利用声音探知周围环境的系统

El Niño　"厄尔尼诺"现象
在太平洋地区，每隔几年就会发生的天气模式。它影响加拉帕戈斯群岛变得更加干燥

erosion　侵蚀作用
岩石或土壤被水和风磨损、带走的过程

evolution　进化
生命体历经数代逐渐改变的过程，这样他们才能更好地适应在不断变化的环境中生存

Galapagueños　加拉帕戈斯人
生活在加拉帕戈斯群岛的人

germinated　发芽的，开始生长的
种子发芽

gyre　海洋环流
一种巨大的海洋旋转流动系统

habitat　栖息地
植物和动物群落生活的地方

hotspot　火山热点
构造板块中间的一处区域，在那里地幔中形成的岩浆柱上升至地表，形成火山

insectivore　食虫目动物
吃昆虫的动物

interbreed　杂交繁殖
一种动物或植物和另一种与之毫无关联的动物或植物进行繁殖

invasive 侵入的
用来描述被引入新地区并迅速传播开来的非本地物种的术语，入侵物种通常很难清除

lava 熔岩
从火山中喷发出的高温熔化了的岩石

larva 幼虫，幼体
许多动物幼年时的形态，特别是昆虫和两栖动物

mangrove 红树林
从海岸延伸到浅水区，长出的大型树状植物

marine 海洋的
与海洋相关的

mating 交配
两个动物进行结合，创造后代

naturalist 博物学家
研究野生动物和大自然的人

organism 生物体，有机体
有生命的个体或某些物体

outcompeting 战胜（另一物种）
一种生物通过吃另一种生物的食物或挤占其空间，从而取代另一种生物

predator 掠食者
以其他动物为食的动物

prey 猎物
被捕食者吃掉的动物

pupa 蛹
昆虫生命周期中的生息阶段，幼虫在此阶段发育为成虫

reptile 爬行动物
浑身满布坚硬防水鳞片的冷血动物

scavenging 食腐的
一种动物寻找并吃掉已死去动物的遗骸的行为

specimen 标本
采集动物或植物，作为其种类的记录

tectonic plate 构造板块
构成地壳的巨大的岩石板块

upwelling 上升流
从海底深处上升至表面的海水，通常富含营养物质

中英词汇对照表

注：以下中英对照的词义只限于本书内容的范围。

英 文	中 文
Aa lava	渣块熔岩
Abingdon	阿宾登岛，即今日的平塔岛
African Plate	非洲板块
Albemarle	阿尔贝马尔岛
Alcedo	阿尔塞多
Alcedo volcano	阿尔塞多火山
Alcedo volcano tortoise	阿尔塞多火山象龟
Alvin	"阿尔文"号深海潜水器
Alvinella worm	庞贝蠕虫
American flamingo	美洲火烈鸟
Amphibian	两栖动物
Antarctic Plate	南极洲板块
Arabian Plate	阿拉伯板块
Arid zone	干旱区
Australia	澳大利亚
Baltra Island	巴尔特拉岛
Barrington	巴林顿岛，即今日的圣菲岛
Bartolomé Island	巴托罗梅岛
Benjamin Bynoe	本杰明·拜诺
Bindloes	宾德洛岛，即今日的马切纳岛

英 文	中 文
Biosecurity	生物安全
Bishop	主教
Black smoker	黑烟囱
Blacktip shark	黑边鳍真鲨
Black-winged stilt	黑翅长脚鹬
Blainville's beaked whale	柏氏中喙鲸
Blue whale	蓝鲸
Blue-footed booby	蓝脚鲣鸟
Bluntnose sixgill shark	灰六鳃鲨
Bottlenose dolphin	宽吻海豚
Brackish water	半咸水
Brown noddy tern	白顶玄燕鸥
Brown pelican	褐鹈鹕
Buccaneer cove	海盗湾
Bulb	浮球组织
Buttonhole orchid	扣眼兰花
Cactus	仙人掌
Caldera	破火山口
Canary Islands	加那利群岛
Candelabra cactus	烛台仙人掌

127

英 文	中 文
Carapace	甲壳
Caribbean Plate	加勒比板块
Cattle egret	牛背鹭
Cattle tick	牛蜱
Cerro Azul volcano	塞罗·阿祖尔火山
Cerro Azul tortoise	塞罗·阿祖尔火山象龟
Cetacean	鲸目动物
Champion	冠军岛，为弗洛里亚纳岛的卫星岛
Charles	查尔斯岛，即今日的弗洛里亚纳岛
Charles Darwin	查尔斯·达尔文
Charles Darwin Research Station	查尔斯·达尔文研究中心
Chatham	查塔姆岛，即今日的圣克里斯托巴尔岛
Cinder cone	火山渣锥
Clambake	（通常在海滨举行的）海味野餐会
Cocos finch	科岛雀
Cocos Plate	科科斯板块
Common cactus finch	普通仙人掌地雀
Common crinklemat	普通皱垫草
Common dolphin	真海豚
Conservationist	保护工作者

英 文	中 文
Crater	火山口
Cromwell Countercurrent	克伦威尔逆流
Cuban cedar	西班牙柏木
Culpepper	卡尔培珀岛，即今日的达尔文岛
Current	洋流；海流
Daisy trees	长柄树菊
Darwin	达尔文
Darwin Bay	达尔文湾
Darwin Island	达尔文岛
Darwin Volcano	达尔文火山
Darwin's Arch	达尔文拱门
Darwin's cotton	达尔文棉花
Darwin's daisy	达尔文雏菊
Darwin's finch	达尔文雀科
Desert thorn	沙漠之刺
Diego Rivadeneira	迭戈·里瓦德内拉
DNA	脱氧核糖核酸
Domed shell	圆顶形的龟壳
Driblet cone	熔岩喷叠锥
Dry season	旱季
Eastern Santa Cruz	东圣克鲁斯岛象龟
Echolocation	回声定位
Ecotourism	生态旅游

英　文	中　文
Ecuador	厄瓜多尔
Ecuador	厄瓜多尔火山
El Niño	厄尔尼诺
Elephant grass	象草
Epiphyte	附生植物；气生植物
erosion	侵蚀作用
Erythrina flame tree	火焰刺桐
Española	埃斯潘诺拉岛，（或意译"西班牙岛"）
Española cactus finch	西班牙岛大仙人掌地雀
Española lava lizard	埃斯潘诺拉熔岩蜥蜴
Española tortoise	埃斯潘诺拉岛象龟
Essex	美国"埃塞克斯"号护卫舰
Eurasian Plate	欧亚大陆板块
Evolution	进化
Exclusive economic zone	专属经济区
Falkland Islands	福克兰群岛
Falkland Islands wolf	福克兰群岛狼
Fernandina	费尔南迪纳岛
Fernandina racer	费尔南迪纳岛游蛇
Fire ant	小火蚁
Flightless Cormorant	弱翅鸬鹚
Floreana	弗洛里亚纳岛

英　文	中　文
Floreana (extinct)	弗洛里亚纳岛象龟（已灭绝）
Floreana lava lizard	弗洛里亚纳熔岩蜥蜴
Floreana mockingbird	查尔斯嘲鸫
Flycatcher birds	霸鹟
Franklin's gull	弗氏鸥
Fray Tomás de Berlanga	弗瑞·托马斯·德·贝尔兰加
Frond	藻体
Fumarole	喷气孔
Fungi	真菌
Fur seal	海狗
Galapagueño	加拉帕戈斯人
Galápagos	加拉帕戈斯
Galápagos Archipelago	加拉帕戈斯群岛
Galápagos brown pelican	加岛褐鹈鹕
Galápagos bullhead shark	瓜氏虎鲨
Galápagos dove	加岛哀鸽
Galápagos fur seal	加拉帕戈斯海狗
Galápagos giant centipede	加拉帕戈斯大蜈蚣
Galápagos green sea turtle	加拉帕戈斯绿海龟

英 文	中 文
Galápagos guava	加岛番石榴
Galápagos hawk	加拉帕戈斯群岛鵟
Galápagos lava lizard	加拉帕戈斯熔岩蜥蜴
Galápagos Marine Reserve	加拉帕戈斯海洋保护区
Galápagos martin	加岛崖燕
Galápagos mockingbird	加岛嘲鸫
Galápagos National Park	加拉帕戈斯国家公园
Galápagos penguin	加拉帕戈斯企鹅；加岛环企鹅
Galápagos petrel	暗腰圆尾鹱
Galápagos racer snake	加拉帕戈斯游蛇
Galápagos rail	加岛南美田鸡
Galápagos rice rat	加拉帕戈斯稻大鼠
Galápagos rift shrimp	阿尔文虾
Galápagos rock purslane	加拉帕戈斯岩马齿苋
Galápagos sea lion	加拉帕戈斯海狮
Galápagos sedge	加拉帕戈斯莎草
Galápagos shark	加拉帕戈斯鲨鱼
Galápagos short-eared owl	加岛短耳鸮
Galápagos tomato	加拉帕戈斯番茄

英 文	中 文
Gardner	加德纳岛，为弗洛里亚纳岛的卫星岛
Gecko	壁虎
Genovesa	赫诺韦萨岛
Genovesa ground finch	赫诺韦萨地雀
Giant manta ray	魔鬼鱼
Giant prickly pear	巨型刺梨仙人掌
Giant squid	巨型鱿鱼
Giant tortoise	加拉帕戈斯象龟
Giant tubeworm	巨型管虫
grasshopper	蝗虫
Grey reef shark	灰礁鲨
Gyre	海洋环流
Hammerhead shark	双髻鲨
Harriet	哈里特
Hawksbill sea turtle	玳瑁
Hill raspberry	山地覆盆子
HMS Beagle	"小猎犬号"
Holdfast	固着物
Hood's	胡德岛
Hornito	熔岩趾
Hotspot	热点（地质学）
Humboldt Current	洪堡寒流
Hydrothermal vent	热泉喷口

英 文	中 文
Incas	印加人
Indefatigable	因迪法蒂格布尔岛
Indian Plate	印度板块
Indo-Australian Plate	印度–澳洲板块
Isabela	伊莎贝拉岛
Isla de la Plata	拉普拉塔岛
Jaguar	美洲虎；美洲豹
James	詹姆斯岛
John Gould	约翰·古尔德
Judas goats	"犹大山羊"计划
La Cumbre	拉昆布雷火山
Lake Arcturus	大角星湖
Land iguana	陆鬣蜥
Lantana	马缨丹
Large ground finch	大地雀
Large painted locust	大型彩蝗
Large tree finch	大树雀
Lava cactus	熔岩仙人掌
Lava gull	熔岩鸥
Lava heron	加岛绿鹭
Lava lizard	熔岩蜥蜴
Lava toes	熔岩趾
Lava tube	熔岩隧道

英 文	中 文
Leaf-toed Gecko	加拉帕戈斯叶趾壁虎；沙宾叶趾虎
Least sandpiper	美洲小滨鹬；姬滨鹬
Leatherback sea turtle	棱皮龟
Lichen	地衣
Lonesome George	孤独的乔治
Magnificent frigatebird	丽色军舰鸟
Mammal	哺乳动物
Mangrove	红树林
Mangrove finch	红树林树雀
Marchena	马切纳岛
Marine iguana	海鬣蜥
Marine Reserve	海洋保护区
Medium ground finch	中地雀
Medium tree finch	中树雀
Megatherium	大地懒
Miconia	大叶野牡丹
Miconia zone	野牡丹灌木丛
Microscopic algae	微生物
Moby-Dick	《白鲸》
Moss	苔藓
Mussel	贻贝
Narborough	纳尔博罗岛，即今日的费尔南迪纳岛

英 文	中 文
Natural selection	自然选择
Nazca booby	纳斯卡鲣鸟；橙嘴鲣鸟
Nazca Plate	纳斯卡板块
Needle-leafed daisy	针叶山雏菊
North American Plate	北美洲板块
Olive ridley sea turtle	太平洋丽龟
On the Origin of Species	《物种起源》
Orca	虎鲸；杀人鲸
Pacific Ocean	太平洋
Pacific Plate	太平洋板块
Pahoehoe lava	绳状熔岩
Pampa	潘帕区
Panama	巴拿马
Panama Current	巴拿马暖流
Patagonia	巴塔哥尼亚
Patrick Watkins	帕特里克·沃特金斯
Pearlberry	珍珠浆果
Peru	秘鲁
Peru Current	秘鲁寒流
Philippine Plate	菲律宾海板块
Photosynthesis	光合作用
Pink iguana/ Pink lizard	粉红色鬣蜥
Pinta	平塔岛

英 文	中 文
Pinta lava lizard	平塔熔岩蜥蜴
Pinzón	平松岛
Pinzón lava lizard	平松熔岩蜥蜴
Pit crater	坑状火山口
Plankton	浮游生物
Plastron	龟甲；龟壳
Prince Philip's Steps	菲利普亲王的台阶
Puerto Ayora	阿约拉港
Puerto Baquerizo Moreno	巴克里索莫雷诺港
Pumice	浮石
Quinine	奎宁
Racer snake	游蛇
Red quinine	红奎宁，又称金鸡纳霜
Red-billed tropicbird	红嘴鹲；红嘴热带鸟
Red-footed booby	红脚鲣鸟
Red-lipped batfish	红唇蝙蝠鱼；达氏蝙蝠鱼
Redonda	雷东达岛
Reptile	爬行动物
Resident	留鸟；居留鲸
Robert FitzRoy	罗伯特·菲茨罗伊
Rábida	拉维达岛
Saddleback shell	马鞍形的龟壳
Sally lightfoot crab	莎莉轻脚蟹

英文	中文
Saltbush	滨藜
Saltwort	海蓬子
San Cristóbal	圣克里斯托巴尔岛
San Cristóbal lava lizard	圣克里斯托巴尔熔岩蜥蜴
San Cristóbal vermilion flycatcher	圣岛霸鹟；圣克里斯托巴尔岛朱红霸鹟
Sanctuary	保育区
Santa Cruz	圣克鲁斯岛
Santa Cruz lava lizard	圣克鲁斯熔岩蜥蜴
Santa Fé	圣菲岛；又称巴林顿岛
Santa Fé lava lizard	圣菲熔岩蜥蜴
Santiago	圣地亚哥岛
Santiago lava lizard	圣地亚哥熔岩蜥蜴
Scalesia	树菊属
Scalloped hammerhead shark	路氏双髻鲨
Scotia Plate	斯科舍板块
Sea lettuce	海莴苣
Sea lion	海狮
Sea slug	海蛞蝓
Sea urchin	海胆
Seabird	海鸟
Seamount	海山；海底山
Semipalmated plover	半蹼鸻

英文	中文
Shark	鲨鱼
Sharp-beaked ground finch	尖嘴地雀
Shellfish	甲壳类水生动物
Shield volcano	盾状火山
Short-finned pilot whale	短肢领航鲸
Sierra Negra Volcano	内格拉火山
Sierra Negre	内格拉
Silky shark	丝鲨
Small ground finch	小地雀
Small tree finch	小树雀
smooth-billed ani	滑嘴犀鹃
Solanum cheesmaniae	契斯曼尼番茄
Solanum galapagense	加拉帕戈斯番茄
Songbird	鸣禽
South American	南美洲
South American Plate	南美洲板块
South Seymour Island	南西摩岛
Sperm whale	抹香鲸
Spyhopping	浮窥
Stipe (trunk)	柄（茎）
Striped dolphin	条纹原海豚
Swallow-tailed gull	燕尾鸥
Tectonic plate	构造板块

英 文	中 文
The Voyage of the Beagle	《"小猎犬号"航海记》
Tiger shark	虎鲨
Tortuga	托尔图加湾
Tower	泰埃尔岛；塔岛，即赫诺韦萨岛
Tree fern	树蕨
Tube worm	巨型管虫
Tuff cone	凝灰锥
Túpac Yupanqui	图帕克·印卡·尤潘基
Upwelling	上升流
Vampire fly	吸血蝇
Vampire ground finch	吸血地雀
Vegetarian finch	植食树雀
Volcanic dyke	火山岩脉
Volcanic plug	火山塞
Wall of Tears	泪墙
Warbler finch	加岛莺雀
Waved albatross	波纹信天翁；加岛信天翁

英 文	中 文
Wedge-rumped storm-petrel	加岛叉尾海燕
Wenman	文曼岛
Western Santa Cruz	西圣克鲁斯岛象龟
Wet season	雨季
Whale shark	鲸鲨
Whales and dolphins	鲸类与海豚
White-bellied storm-petrel	白腹舰海燕
Whitetip reef shark	白顶礁鲨
White-vented storm-petrel	白臀洋海燕
Wilson's plover	厚嘴鸻
Wolf	沃尔夫岛；意译为"狼岛"
Wolf volcano	沃尔夫火山
Wolf volcano tortoise	沃尔夫火山象龟
Woodpecker finch	拟䴕树雀
Yellow warbler	黄林莺
Yellow-crowned night-heron	黄顶夜鹭

Picture Credits
The publisher would like to thank the following for their kind permission to reproduce their photographs: (Key: a-above; b-below/bottom; c-centre; f-far; l-left; r-right; t-top)

Roving Tortoise Photos: Tui De Roy: 1, 4-5, 6-7, 14-15, 17 (tr), 19 (tr), 26 (cla) (bc), 27 (cb) (bc), 30-31, 32 (tl) (tr), 36 (bl), 36-7, 37 (br), 39 (bl), 43 (tr) (cr), (br), 50-51, 52 (br), 56-57, 58 (bl), 60 (b), 62-63, 63 (cra), 64 (cl), 64-65, 66-67, 70 (bl), 71 (tl), 76 (tl), 77 (tr), 80-81, 82-83, 89 (cra) (clb), 90-91, 93 (cra), 94-95, 98-99, 101 (tr), 104 (br), 105 (tc) (crb), 111 (tl), 116-117, 117 (cr), 118 (tl), 119 (cl) (bc) (br)

8 Dorling Kindersley: 123RF.com: Keith Levit / keithlevit (tr). 9 Alamy Stock Photo: Imagebroker (fcla); John Warburton-Lee Photography (tc) ; Imagebroker (tl). Dorling Kindersley: Dreamstime.com: Marktucan (tr); iStock: Grafissimo (cra). Dreamstime.com: Danflcreativo (ca); Martinmark (ftl). Shutterstock.com: NaturesMomentsuk (cla). 11 Alamy Stock Photo: The Natural History Museum (cr). 15 Alamy Stock Photo: Amar and Isabelle Guillen - Guillen Photo LLC (cr); Nature Picture Library (tr). 16 Alamy Stock Photo: Craig Lovell / Eagle Visions Photography (cr); peace portal photo (tl); Doug Perrine (tr). Dreamstime.com: Christopher Bellette (br). Shutterstock.com: Yvonne Baur (bl). SuperStock: Antoni Agelet / Biosphoto (cl). 17 Alamy Stock Photo: Rosanne Tackaberry (clb). Dreamstime.com: Steve Allen (cr); Jesse Kraft (bl). Getty Images / iStock: Goddard_Photography (br); Paul Vowles (cla); NNehring (bc). SuperStock: Gregory Guida / Biosphoto (tl). 19 Getty Images / iStock: LuffyKun (tr). 21 Dorling Kindersley: 123RF.com: Anan Kaewkhammul / anankkml (bc); Dreamstime.com: Mgkuijpers (crb). 22-23 Alamy Stock Photo: Daniele Falletta (t); Nature Picture Library (b). 23 123RF.com: juangaertner (tr). Alamy Stock Photo: Galapagos (br). 25 123RF.com: tonaquatic19 (tr). Alamy Stock Photo: Classic Image (cr); PhotoStock-Israel (br). 27 Alamy Stock Photo: Wolfgang Kaehler (cla). 28 Dreamstime.com: Martinmark (tr). 32-33 Tropical Herping: Frank Pichardo. 33 Dreamstimecom: Donyanedomam (tl). naturepl.com: Paul D Stewart (tr). 34-35 naturepl.com: Tui De Roy / Minden Pictures. 37 Alamy Stock Photo: Westend61 GmbH (tl). 38 Dreamstime.com: Andrey Gudkov (tr). naturepl.com: Maxime Aliaga. 41 naturepl.com: Ben Hall (tl). 42-43 Tropical Herping: Alejandro Arteaga. 44-45 Alamy Stock Photo: Imagebroker. 45 Shutterstock.com: Joel Bauchat Grant (crb). 48 Alamy Stock Photo: Rolf Richardson. 49 Galapagos Conservancy: Diego Bermeo. 52 Dreamstime.com: Roberto Dani (bl). 53 Alamy Stock Photo: Imagebroker (bl); John Trevor Platt (ca); PhotoStock-Israel (br). 55 naturepl.com: Ole Jorgen Liodden (tr). 57 Alamy Stock Photo: Minden Pictures (tc). 58 Alamy Stock Photo: Steve Bloom Images (br); WorldFoto (cra). Getty Images / iStock: mantaphoto (tl). 59 Alamy Stock Photo: AGAMI Photo Agency (tc); blickwinkel (tl); John Holmes (tr); blickwinkel (ca). Getty Images: Sharif Uddin / 500px (c); Nadine Lucas / EyeEm (br). 61 Getty Images: Sergio Amiti (c). 65 Alamy Stock Photo: Nature Picture Library (crb). Getty Images: Keith Levit (cra). 67 naturepl.com: Pete Oxford / Minden (cb). 69 Alamy Stock Photo: Sue Anderson (tl). 70 Alamy Stock Photo: David Fleetham (br). 71 naturepl.com: Pete Oxford / Minden (c). 72-73 naturepl.com: Ralph Pace / Minden. 74-75 naturepl.com: Alex Mustard (b). 74 Alamy Stock Photo: Reinhard Dirscherl (tr); Science History Images (tl). 75 Alamy Stock Photo: Minden Pictures (tl). naturepl.com: Shane Goss (tr). 76-77 Alamy Stock Photo: James Stone. 79 Alamy Stock Photo: Cultura Creative RF (bc). 80 Roger Hooper Photography: (tl). naturepl.com: Alex Mustard (br). 82 Dreamstime.com: Gerald D. Tang (bl). 83 Alamy Stock Photo: Don Mennig (bc). Getty Images: Stuart Westmorland (tl). 85 naturepl.com: Brandon Cole (tr). 88 Dreamstime.com: Burt Johnson (br). 89 naturepl.com: Brandon Cole (c). Roving Tortoise Photos: Mark Jones (tl). 92 Alamy Stock Photo: Hemis (tl). Dreamstime.com: Rui Baião (br); Angela Perryman (bl). 93 Alamy Stock Photo: Wolfgang Kaehler (bl); Roland Knauer (br). 95 Alamy Stock Photo: Danita Delimont (cr). 97 Dreamstime.com: Andrey Gudkov (cla). 98 Alamy Stock Photo: Andrew Linscott (ca). 100 Alamy Stock Photo: Minden Pictures (tr). 105 Shutterstock.com: Andreas Wolochow (tr). 106 123RF.com: wagnercampelo (cr). Alamy Stock Photo: Ashley Cooper pics (bl); Zoonar GmbH (tr); yomama (cl). 107 Alamy Stock Photo: BIOSPHOTO (bl); MichaelGrantPlants (tl). 108-109 Alamy Stock Photo: Michael S. Nolan. 110 Alamy Stock Photo: GRANGER (tr); Oldtime (tl). 111 Alamy Stock Photo: Wolfgang Kaehler (b). Getty Images / iStock: todamo (tr). 113 Getty Images: Michael Melford (tl). 114 Dreamstime.com: Marktucan (cl). 117 Alamy Stock Photo: Cannon Photography LLC (tr). Depositphotos Inc: sunsinger (br). 118 Alamy Stock Photo: Minden Pictures (tr); Krystyna Szulecka (cr); Minden Pictures (bl). Getty Images / iStock: samuel howell (cl). Shutterstock.com: Malcolm Schuyl / Flpa / imageBROKER (br). 119 Alamy Stock Photo: FLPA (cr). Dreamstime.com: Danflcreativo (tr). Getty Images: MARTIN BERNETTI / Stringer (bl). Shutterstock.com: RHIMAGE (tl). 120 Dreamstime.com: Donyanedomam (tr). 121 naturepl.com: Tim Laman (bl). 122-123 Alamy Stock Photo: robertharding

Cover images: Front: Roving Tortoise Photos: Tui De Roy

All other images © Dorling Kindersley

DK would like to thank:
Helen Peters for compiling the index and Caroline Stamps for proofreading. A special thanks goes out to all of our contributors who helped make this book.

Author: Tom Jackson
is a leading natural history writer based in the United Kingdom. As an author and contributor he has worked on more than 60 books.

Foreword: Steve Backshall MBE
is a British naturalist, explorer, presenter, and writer who has spent lots of time in the Galápagos.

Illustrator: Chervelle Fryer
is an illustrator hailing from the Welsh capital of Cardiff. She finds inspiration in flora, fauna, and traditional brush styles.

Photographer: Tui De Roy
is an award-winning wildlife photographer, naturalist, and author of many books on wildlife themes around the world. She divides her time between the Galápagos Islands and New Zealand.

Animal consultant: Derek Harvey
is a naturalist who studied zoology at Liverpool University and has written books on natural history and science.

Geology consultant: Dorrik Stow
is a geologist, oceanographer and prolific science author. He is Professor Emeritus at Heriot-Watt University, and Distinguished Professor at the China University of Geosciences in Wuhan.

Plant consultant: Mike Grant
is a botanist and horticulturist who works for the Royal Horticultural Society as an editor.

Anthropology consultant: Roslyn Cameron
is a long-term Galápagos resident and worked as an educator for many years before taking a more prominent role in conservation.

图书在版编目（CIP）数据

DK探秘活的生物进化博物馆：加拉帕戈斯群岛 /
（英）汤姆·杰克逊（Tom Jackson）著 ；（英）雪维尔·
弗莱尔（Chervelle Fryer）绘 ；杜创，张宝元译. ——
杭州：浙江教育出版社，2023.3
ISBN 978-7-5722-5495-6

Ⅰ．①D… Ⅱ．①汤… ②雪… ③杜… ④张… Ⅲ．①
生物–进化–青少年读物 Ⅳ．①Q11-49

中国国家版本馆CIP数据核字(2023)第034174号
引进版图书合同登记号 浙江省版权局图字：11—2023—007

DK探秘活的生物进化博物馆
加拉帕戈斯群岛
DK TANMI HUODE SHENGWU JINHUA BOWUGUAN
JIALAPAGESI QUNDAO

［英］汤姆·杰克逊 著
［英］雪维尔·弗莱尔 绘
杜 创 张宝元 译

责任编辑 王方家　　　　美术编辑 韩 波
责任校对 洪 滔　　　　责任印务 曹雨辰

出版发行　浙江教育出版社（杭州市天目山路40号）
印刷装订　惠州市金宣发智能包装科技有限公司
开　　本　635mm×965mm　1/8
印　　张　17
字　　数　340 000
版　　次　2023年3月第1版
印　　次　2023年3月第1次印刷
标准书号　ISBN 978-7-5722-5495-6
定　　价　128.00元

如发现印、装质量问题，影响阅读，请联系调换。
联系电话：010-62513889

Original Title: Galapagos
Colour illustration copyright © Chervelle Fryer, 2022
Text and design copyright © Dorling Kindersley Limited, 2022
A Penguin Random House Company

For the curious
www.dk.com